AF464689

RECHERCHES

SUR L'ANALYSE

DES SECTIONS ANGULAIRES.

IMPRIMERIE DE HUZARD-COURCIER,
Rue du Jardinet, n° 12.

RECHERCHES
SUR L'ANALYSE
DES SECTIONS ANGULAIRES,

PAR M. POINSOT,

MEMBRE DE L'INSTITUT DE FRANCE, OFFICIER DE L'ORDRE ROYAL DE LA LÉGION-D'HONNEUR, etc.

PARIS,

BACHELIER (SUCCESSEUR DE Mme Ve COURCIER),

LIBRAIRE POUR LES MATHÉMATIQUES,

QUAI DES AUGUSTINS, N° 55.

1825

TABLE DES MATIÈRES.

Objet de ce Mémoire. — Théorème de Moivre . . . . Page 1

I. Développemens généraux des sinus et cosinus d'arcs multiples par les puissances entières et ascendantes du cosinus de l'arc simple , 8

II. Développemens des mêmes fonctions par les puissances du sinus de l'arc simple 26

III. Développemens par les puissances de la tangente 35

IV. Formules générales pour développer les mêmes fonctions par les puissances *descendantes* de l'arc simple 40

Imperfections des formules précédentes 43

Recherche directe des véritables formules 50

V. Développemens d'une puissance quelconque du cosinus ou sinus d'un arc par les cosinus ou sinus des arcs multiples 58

Examen de l'Analyse de Lagrange 60

Examen de l'analyse d'Euler 68

AVERTISSEMENT.

Ce Mémoire, qui offre une sorte de Complément analytique à la Théorie des Fonctions circulaires, a été composé en 1822, et lu à l'Académie des Sciences au mois de mai 1823. On le donne ici sans aucun changement notable, mais avec une Addition importante: elle est relative aux développemens des cosinus ou sinus d'arcs multiples par les puissances *descendantes* du cosinus de l'arc simple, et forme en entier le IVe paragraphe de ce Mémoire.

RECHERCHES

SUR

L'ANALYSE DES SECTIONS ANGULAIRES.

On se propose ici d'approfondir, et de perfectionner en plusieurs points, les formules générales qui se rapportent à l'analyse des fonctions circulaires.

Cette analyse, aujourd'hui si étendue, est, comme on le sait, le fruit des travaux successifs des plus grands géomètres, depuis notre célèbre *Viète* jusqu'à *Euler,* à qui elle est principalement redevable; et l'on en peut voir, dans le *Calcul des fonctions dérivées* de M. de Lagrange, une histoire aussi curieuse qu'instructive. Cet illustre géomètre y démontre, d'une manière élégante, la généralité de ces développemens qui donnent les sinus ou les cosinus d'arcs multiples, par les puissances du sinus ou du cosinus de l'arc simple; et réciproquement, celles qui expriment les puissances par le moyen de ces arcs multiples; formules très claires, et bien faciles à établir pour le cas d'un multiple ou exposant quelconque entier, mais qu'on n'avait encore généralisées jusque là, c'est-à-dire, étendues à un exposant quelconque fractionnaire, que par une sorte d'induction ou d'analogie. L'auteur généralise très bien ces différentes formules, il y ajoute encore quelques corrections et remarques nouvelles qui les perfectionnent, et qui semblent ne plus rien laisser à désirer sur l'analyse complète des sections angulaires.

Mais, en examinant de plus près cette analyse, j'y ai reconnu une nouvelle imperfection qui peut rendre les formules incomplètes ou inexactes, et qui, dans tous les cas, leur fait perdre cette généralité absolue qu'on doit toujours retrouver dans les expressions de l'Algèbre.

Ces imperfections, qui ont échappé jusqu'ici aux géomètres, pourraient être rendues sensibles à la seule inspection des formules générales dont il s'agit. En considérant, par exemple, la formule qui exprime le cosinus d'un arc multiple, par les puissances entières du sinus de l'arc simple, on voit une équation dont il est impossible que les deux membres aient actuellement la même généralité. Car imaginez l'arc augmenté d'une ou de plusieurs circonférences, il est évident que le sinus ne change point, et que par conséquent la série, qui ne contient que des puissances entières de ce sinus et des membres constans, conserve toujours la même valeur unique, tandis que le premier membre acquiert plusieurs valeurs différentes, et même, comme on sait, toutes réelles. Ainsi la formule connue, si elle est vraie dans le cas d'un multiple fractionnaire, ne l'est certainement que pour un seul des différens arcs dont je viens de parler, et doit être fausse pour tous les autres. On ne pourrait pas même dire ici que cette formule est uniquement présentée pour l'arc simple que l'on considère, et non pas pour cet arc augmenté de plusieurs circonférences; car en ne l'appliquant qu'avec cette restriction à un arc compris dans le second quart de la circonférence, on arriverait encore à une valeur fausse.

La source de l'erreur, comme on le verra, est dans une détermination trop particulière des coefficiens de la série. Ces coefficiens sont bien des quantités constantes, mais leurs valeurs ne sont pas simples, comme on le suppose; elles sont multiples, et du même degré de multiplicité que la fonction que l'on considère : de sorte qu'en rétablissant la véritable expression de ces constantes, la formule reprend toute l'exactitude et toute la généralité dont elle est susceptible. On peut dire la même chose des formules analogues à la précédente, et qui sont également incomplètes. Le défaut de ces expressions tient encore à l'oubli de cette équivoque qui est essentiellement attachée aux fonctions circulaires, comme aux signes radicaux; d'où il résulte que l'esprit, ne procédant plus que par la synthèse, ne voit guère qu'une des valeurs de la fonction dont il s'occupe, et néglige toutes les autres, dont le concours est pourtant nécessaire à la généralité de ces expressions analytiques.

Les mêmes imperfections et de nouvelles difficultés se rencontrent aussi dans les formules réciproques, où l'on développe les puissances quelconques du sinus ou cosinus d'un arc simple, en une suite de cosinus ou de sinus d'arcs multiples : elles peuvent se remarquer encore dans la plupart des développemens généraux en séries, et même dans la formule du binome de Newton; et j'ai cru qu'il était d'autant plus nécessaire de les relever et de les faire entièrement disparaître, qu'elles touchent ainsi aux principes fondamentaux de l'Analyse.

Et d'ailleurs, la théorie des angles, considérée en elle-même, ne paraît ni moins importante, ni, pour ainsi dire, moins fondamentale. Elle n'appartient pas seulement à la Géométrie, comme on pourrait le croire d'abord; mais c'est encore une partie essentielle de l'analyse mathématique. Ces quantités remarquables, ou plutôt ces rapports, auxquels la Géométrie donne naissance, et qu'on nomme les angles, se presentent en Algèbre d'une manière aussi naturelle et aussi nécessaire que les exposans ou les logarithmes. Par leurs propriétés toutes semblables, elles en sont même inséparables. Car si la division du logarithme en parties égales répond à l'extraction de la racine d'une quantité réelle, la division de l'angle en parties égales répond de même à l'extraction de la racine d'une quantité imaginaire. Or, ces quantités réelles, et celles qu'on nomme imaginaires, se présentent également toutes deux dans nos transformations analytiques; elles se mêlent, pour ainsi dire, à tous nos calculs, et c'est même dans cette combinaison de symboles réels et d'imaginaires que consiste la nature propre et le caractère distinctif de l'Algèbre. On voit donc que cette science, pour l'exécution actuelle des opérations qu'elle indique, exige à la fois la considération des angles et celle des logarithmes.

Dans la vue d'abréger les calculs ordinaires de l'Arithmétique, les géomètres ont d'abord imaginé les logarithmes; et, pour l'usage particulier de la Trigonométrie, ils ont ensuite construit des tables de sinus. C'étaient en apparence deux objets différens qu'ils s'étaient proposés; mais on voit qu'ils avaient travaillé, sans y songer, aux deux parties intégrantes d'une seule et même théorie. Car une table de logarithmes, à laquelle ne serait pas jointe la table des sinus, serait une table incomplète pour l'Analyse : l'une et l'autre n'en forment au fond qu'une seule, dont elles sont comme les deux moitiés inséparables. A la vérité, ces tables se trouvent réunies depuis long-temps pour la commodité des calculateurs; mais je veux dire que cette réunion, qui ne paraît due qu'à une sorte de convenance particulière, doit être aujourd'hui regardée comme tenant à la nature même de la science mathématique. Si l'on eût d'abord considéré les choses de ce point de vue général, comme il aurait paru tout aussi naturel et aussi facile d'opérer sur les imaginaires que sur les quantités réelles, les géomètres ne se seraient point arrêtés si long-temps à la considération de ces cas singuliers, où les inconnues, quoique réelles, ne se présentent pourtant que sous la forme d'imaginaires, et il est très vraisemblable que le fameux *cas irréductible* n'eût pas même été remarqué.

Je ne présente, en passant, ces réflexions que dans l'intérêt de la philosophie de la science, partie trop négligée par la plupart des auteurs, et peut-être la plus digne d'être cultivée; car nos formules et nos théorèmes les plus remarquables sont bien moins utiles et moins précieux en eux-mêmes que cette sorte de métaphysique qui les éclaire et les domine, et qui seule peut rendre à l'esprit de nouvelles forces quand il faut se conduire et s'avancer plus loin dans les sciences. J'ai voulu d'ailleurs justifier en général les détails nombreux et assez délicats qu'on trouvera développés dans ce Mémoire; et c'est ce que je n'aurais pu faire ici, d'une manière plus particulière, sans entrer dans une foule de calculs et d'explications analytiques qui ne pourraient faire l'objet d'un discours clair et bien suivi.

Mais avant d'entrer en matière, il faut dire deux mots du théorème de *Moivre*, et du sens multiple de la formule qui l'exprime.

En désignant par x un angle ou arc quelconque considéré dans le cercle dont le rayon est 1, et par m un exposant quelconque, on a, comme on sait,

$$(\cos x + \sqrt{-1}\sin x)^m = \cos mx + \sqrt{-1}\sin mx,$$

formule que l'on doit à *Moivre*, et qu'on peut regarder comme la source de toute l'analyse des sections angulaires.

Cette belle formule, dont le théorème de *Côtes* n'est qu'un cas particulier, peut se démontrer sur-le-champ par les premiers principes de l'Algèbre et de la Géométrie, et cela, pour un exposant m quelconque entier ou fractionnaire. C'est ce qu'Euler a fait voir par la simple multiplication, et par les expressions connues qui donnent le sinus et le cosinus de la somme ou de la différence de deux arcs.

Quand l'exposant m est entier, les deux membres de cette équation ne présentent qu'une seule valeur; ou si l'on veut en considérer deux, à cause de l'ambiguité qui est attachée au radical $\sqrt{-1}$, on voit qu'il y a également deux valeurs pour le premier membre, et deux pour le second; de sorte que les deux expressions ont la même étendue, et que l'équation qui en résulte est parfaite.

Mais, si l'exposant m est un membre fractionnaire $\frac{p}{q}$, le premier membre de l'équation

$$(\cos x + \sqrt{-1} \sin x)^{\frac{p}{q}} = \cos^{\frac{p}{q}} x + \sqrt{-1} \sin^{\frac{p}{q}} x$$

nous présente q valeurs différentes, à cause du radical du degré q, et le second n'en présente actuellement qu'une seule.

Or, pour voir dans les deux membres de cette équation la même généralité, comme cela doit être en analyse, il faut supposer qu'on prend, pour l'arc x, non-seulement cet arc, mais encore tous ceux qui ont le même sinus et le même cosinus, et qui sont x, $x+c$, $x+2c$, $x+3c$, etc., c désignant la circonférence entière. Par cette supposition, le premier membre conserve les mêmes valeurs qu'auparavant; mais le second en prend q différentes qui proviennent des arcs x, $x+c$, $x+2c$, $x+3c$, etc. jusqu'à $x+(q-1)c$; et de cette manière, les deux membres de l'équation ont précisément la même étendue, car si l'on continuait d'ajouter la circonférence, on retomberait sur les mêmes valeurs à l'infini.

Lorsqu'on suppose $x=0$, ces valeurs deviennent les expressions connues des différentes racines q^{es} de l'unité : et c'est ce qui confirmerait au besoin ce que j'ai dit tout à l'heure. Car les q valeurs du premier membre $\sqrt[q]{\cos px + \sqrt{-1} \sin px}$ ne sont autre chose que l'une quelconque d'entre elles multipliée par les q racines différentes de l'unité. Or, ces racines de l'unité se trouvant par l'expression $\cos \frac{ec}{q} + \sqrt{-1} \sin \frac{ec}{q}$, en donnant à e les q valeurs entières 0, 1, 2, 3, etc. $q-1$, on voit que, si l'on prend une des valeurs du premier membre de notre équation, telle que

$$\cos \frac{p}{q} x + \sqrt{-1} \sin \frac{p}{q} x,$$

et qu'on la multiplie par

$$\cos\frac{ec}{q} + \sqrt{-1}\sin\frac{ec}{q},$$

on aura le produit

$$\cos\frac{px+ec}{q} + \sqrt{-1}\sin\frac{px+ec}{q},$$

qui exprimera les q valeurs différentes du premier membre, en donnant à e les valeurs 0, 1, 2, 3, etc. $q-1$.

Mais, p étant premier à q, comme on peut toujours le supposer, il est clair que les valeurs de e reviennent (dans un autre ordre, ce qui est indifférent) à celles de pe relativement au même nombre q. On peut donc, dans l'expression précédente, au lieu de e, mettre pe, et cette expression devient

$$\cos\frac{p}{q}(x+ec) + \sqrt{-1}\sin\frac{p}{q}(x+ec);$$

ce qui n'est plus autre chose que le second membre de notre équation, où l'on augmente successivement l'arc x des différens multiples e de la circonférence.

Toutes les fois donc qu'on passe des puissances de sinus ou cosinus aux sinus et cosinus d'arcs multiples, il faut concevoir l'arc augmenté des différens multiples 0, 1, 2, 3, 4, etc. de la circonférence du cercle, et l'on obtient ainsi toutes les valeurs différentes des expressions analytiques que l'on considère. C'est une attention qu'on doit toujours avoir dans la théorie des angles; et pour y avoir manqué, quelques auteurs n'ont pas prévenu certaines difficultés qu'on a trouvées dans leur analyse, et ceux qui les ont rencontrées ne les ont pas toujours résolues.

I.

Développemens généraux des cosinus et sinus d'arcs multiples en séries ascendantes suivant les puissances entières du cosinus de l'arc simple.

1. Soient, pour abréger, $\cos x = p$, et $\sin x = q$; et supposons d'abord qu'on veuille développer $\cos mx$ suivant les puissances ascendantes de p ou $\cos x$.

On aurait donc $\cos mx = a + bp + cp^2 + dp^3 +$ etc., et le problème est de déterminer les coefficiens a, b, c, d, etc. de manière que la formule générale ait lieu pour toutes les valeurs possibles de m.

Or on a

$$\cos mx + \sqrt{-1}\sin mx = (\cos x + \sqrt{-1}\sin x)^m = (p + \sqrt{p^2 - 1})^m = z,$$

$$\cos mx - \sqrt{-1}\sin mx = (\cos x - \sqrt{-1}\sin x)^m = (p + \sqrt{p^2 - 1})^{-m} = \frac{1}{z},$$

et par conséquent,

$$2\cos mx = z + \frac{1}{z}, \quad \text{et} \quad 2\sqrt{-1}\sin mx = z - \frac{1}{z}.$$

Ainsi tout se réduit à trouver le développement de

$$z = (p + \sqrt{p^2 - 1})^m$$

suivant les puissances ascendantes de p.

Nous supposerons donc qu'on ait

$$z = A + Bp + Cp^2 + Dp^3 + Ep^4 + Fp^5 + \text{etc.},$$

et nous allons chercher à déterminer d'une manière générale les coefficiens A, B, C, D, E, etc.

2. On y pourrait parvenir directement par la formule du binome

de *Newton;* mais il est à la fois plus clair et plus facile de suivre ici la méthode employée par M. de Lagrange dans la Leçon XIe de son *Calcul des fonctions*. Elle consiste à déduire de la proposée

$$z = (p + \sqrt{p^2 - 1})^m$$

l'équation dérivée du second ordre

$$mz - pz' - (p^2 - 1)z'' = 0,$$

et à y substituer, pour z, z', z'', leurs valeurs tirées de l'expression $z = A + Bp + Cp^2 + Dp^3 + \text{etc.}$: après quoi, on ordonne le tout suivant les puissances de p, on égale à zéro chacun des coefficiens, et l'on trouve

$$C = -\frac{m^2}{2}A,\quad E = \frac{m^2 . m^2 - 4}{2.3.4}A,\quad G = \frac{m^2 . m^2 - 4 . m^2 - 16}{2.3.4.5.6}.A,\ \text{etc.},$$

$$D = -\frac{m^2 - 1}{2.3}B,\quad F = \frac{m^2 - 1 . m^2 - 9}{2.3.4.5}.B,\quad H = \frac{m^2 - 1 . m^2 - 9 . m^2 - 25}{2.3.4.5.6.7}.B,\ \text{etc.},$$

dont la loi est manifeste.

On a donc, pour le développement de $z = (p + \sqrt{p^2 - 1})^m$,

$$z = A\left\{1 - \frac{m^2}{2}p^2 + \frac{m^2 . m^2 - 4}{2.3.4}p^4 - \frac{m^2 . m^2 - 4 . m^2 - 16}{2.3.4.5.6}p^6 + \text{etc.}\right\}$$
$$+ B\left\{p - \frac{m^2 - 1}{2.3}p^3 + \frac{m^2 - 1 . m^2 - 9}{2.3.4.5}p^5 - \frac{m^2 - 1 . m^2 - 9 . m^2 - 25}{2.3.4.5.6.7}p^7 + \text{etc.}\right\}$$

où les deux coefficiens A et B sont encore inconnus, et doivent être déterminés par la nature de la fonction $(p + \sqrt{p^2 - 1})^m$ qu'on a développée.

Il est évident que le premier A est égal à ce que devient cette fonction z quand on y fait $p = 0$, et que le second B est égal à ce que devient z' ou $\left(\frac{dz}{dp}\right)$, quand on y fait $p = 0$. Or, en faisant p nul, z devient $(\sqrt{-1})^m$, et z' devient $m(\sqrt{-1})^{m-1}$.

Ainsi l'on a

$$A = (\sqrt{-1})^m, \quad \text{et} \quad B = m(\sqrt{-1})^{m-1}.$$

Donc, si l'on représente, pour abréger, par P_0 la première série partielle que multiplie A, et qui ne contient que des puissances paires de p; et par P, la seconde série que multiplie B, et qui ne contient que des puissances impaires de p, on aura cette expression générale

$$z = (\sqrt{-1})^m P_0 + m(\sqrt{-1})^{m-1} P,$$

qui est vraie pour toutes les valeurs de m.

Maintenant, il est clair que le développement de la fonction $\frac{1}{z} = (p + \sqrt{p^2 - 1})^{-m}$ est le même que celui de z en changeant partout m en $-m$. Or, par ce changement, les séries P_0 et P, qui ne contiennent toutes deux que des puissances paires de m, ne changent point; mais les deux coefficiens A et B deviennent $(\sqrt{-1})^{-m}$, et $-m(\sqrt{-1})^{-m-1}$ ou $m(\sqrt{-1})^{1-m}$, et l'on a

$$\frac{1}{z} = (\sqrt{-1})^{-m} P_0 + m(\sqrt{-1})^{1-m} P.$$

Si l'on ajoute ces expressions, et qu'on divise par 2, on aura donc

$$\left.\begin{aligned} \tfrac{1}{2}\left(z + \tfrac{1}{z}\right) = \cos mx = \tfrac{1}{2}\{(\sqrt{-1})^m + (\sqrt{-1})^{-m}\} P_0 \\ + \tfrac{1}{2}\{(\sqrt{-1})^{m-1} + (\sqrt{-1})^{1-m}\} mP. \end{aligned}\right\} \quad (1)$$

Si on les retranche l'une de l'autre, et qu'on divise par $2\sqrt{-1}$, il vient

$$\left.\begin{aligned} \frac{1}{2\sqrt{-1}}\left(z - \tfrac{1}{z}\right) = \sin mx = \tfrac{1}{2}\{(\sqrt{-1})^{m-1} + (\sqrt{-1})^{1-m}\} P_0 \\ - \tfrac{1}{2}\{(\sqrt{-1})^m + (\sqrt{-1})^{-m}\} mP. \end{aligned}\right\} \quad (2)$$

Tels sont les véritables développemens généraux de $\cos mx$ et $\sin mx$, suivant les puissances entières et positives de $\cos x$, et il faut leur laisser cette forme analytique, si l'on veut qu'ils conviennent actuellement à toutes les valeurs possibles de m.

3. Lorsque m est un nombre entier, ces expressions générales de $\cos mx$ et de $\sin mx$ se simplifient beaucoup, car il y a toujours un des deux coefficiens de P_o ou de P qui s'évanouit.

Et en effet, quand m est un entier pair, il est visible que le coefficient $\frac{1}{2}\{(\sqrt{-1})^m+(\sqrt{-1})^{-m}\}$ est égal à ± 1, selon que m est de la forme $4e$, ou $4e+2$; et que le second coefficient $\frac{1}{2}\{(\sqrt{-1})^{m-1}+(\sqrt{-1})^{1-m}\}$ est égal à zéro.

On a donc, pour m entier *pair*,

$$\cos mx = \pm P_o = \pm \left\{1-\frac{m^2}{2}p^2+\frac{m^2.m^2-4}{2.3.4}p^4-\text{etc.}\right\} \qquad \text{(A)}$$

Si m est impair, on voit de même que le coefficient de P_o est toujours nul, et que celui de mP est égal à ± 1, selon que m est de la forme $4e+1$ ou $4e-1$.

On a donc, pour m *impair*,

$$\cos mx = \pm mP = \pm m\left\{p-\frac{m^2-1}{2.3}p^3+\frac{m^3-1.m^2-9}{2.3.4.5}p^5-\text{etc.}\right\} \qquad \text{(A')}$$

Quant aux formules relatives à $\sin mx$, on aurait, dans les mêmes cas,

$$\sin mx = \pm mP = \pm \left\{p-\frac{m^2-1}{2.3}p^3+\frac{m^2-1.m^2-9}{2.3.4.5}p^5-\text{etc.},\right\} \qquad \text{(B)}$$

et

$$\sin mx = \pm P_o = \pm \left\{1-\frac{m^2}{2}p^2+\frac{m^2.m^2-4}{2.3.4}p^4-\text{etc.}\right\} \qquad \text{(B')}$$

4. Les deux premières formules (A) et (A'), relatives à $\cos mx$, sont les formules connues, et il est aisé de voir qu'elles se terminent toujours quand le nombre m est un entier quelconque positif ou négatif.

Mais les deux suivantes (B) et (B'), relatives à $\sin mx$, ne sont pas celles qu'on emploie ordinairement, parce qu'elles vont à l'infini dans ces mêmes cas de m entier que je viens de considérer.

Si l'on veut avoir, pour $\sin mx$, des formules qui se terminent comme celles de $\cos mx$, on n'a qu'à différentier les formules (A) et (A′), et en observant que $\frac{dp}{dx} = -\sin x = -q$, on trouvera les séries

$$\sin mx = m\left\{p - \frac{m^2-4}{2.3}p^3 + \frac{m^2-4.m^2-16}{2.3.4.5}p^5 - \text{etc.}\right\}q, \quad \text{(C)}$$

$$\sin mx = \pm\left\{1 - \frac{m^2-1}{2}p^2 + \frac{m^2-1.m^2-9}{2.3.4}p^4 - \text{etc.}\right\}q, \quad \text{(C}'\text{)}$$

qui se terminent toujours, la première dans le cas de m pair, et la seconde dans le cas de m impair, positif ou négatif.

Mais toutes ces énumérations relatives au cas de m entier n'ont par elles-mêmes aucune difficulté. Ce qui mérite notre attention, c'est le cas de m fractionnaire, parce qu'il nous présente quelques vérités nouvelles, intéressantes pour l'analyse, en ce qu'elles servent à la fois à la généraliser et à en effacer quelques imperfections qui avaient échappé jusqu'ici aux géomètres.

5. Reprenons donc nos formules générales (1) et (2) qui sont parfaitement établies pour un exposant quelconque m, et voyons comment elles peuvent satisfaire à tous les cas.

La première (1) est, comme on l'a vu,

$$\cos mx = \tfrac{1}{2}\left(A + \frac{1}{A}\right)P_0 + \tfrac{1}{2}\left(B + \frac{1}{B}\right)mP;$$

où l'on a

$$A = (\sqrt{-1})^m, \quad \text{et} \quad B = (\sqrt{-1})^{m-1}.$$

M. de Lagrange, au lieu de la présenter, comme je l'ai fait, sous cette forme algébrique, commence par débarrasser des imaginaires les deux coefficiens de P_0 et P, en posant

$$\sqrt{-1} = \cos d + \sqrt{-1}\sin d,$$

d étant l'angle droit; ce qui donne

$$A = (\sqrt{-1})^m = \cos md + \sqrt{-1}\sin md,$$

et $$\frac{1}{A} = (\sqrt{-1})^{-m} = \cos md - \sqrt{-1}\sin md;$$

d'où il tire $$A + \frac{1}{A} = 2\cos md:$$

et il trouve de même

$$B + \frac{1}{B} = 2\cos)m - 1)d,$$

et met ainsi l'expression générale de $\cos mx$ sous la forme

$$\cos mx = P_0 \cos md + mP \cos(m-1)d,$$

qui est celle qu'on voit à la page 139 du *Calcul des Fonctions dérivées*, avec cette différence qu'on désigne ici par d l'angle droit que l'auteur fait égal à l'unité.

Cet illustre auteur remarque très bien que « Lorsque m est un » nombre entier, il y a toujours une des deux séries partielles qui » se termine; et que l'autre, qui irait à l'infini, disparaît, parce » qu'elle se trouve toute multipliée par un coefficient $\cos md$ ou » $\cos(m-1)d$ qui devient nul. On a alors l'une ou l'autre des for- » mules (A) et (A'); » ce qui s'accorde parfaitement avec ce que nous venons de trouver.

« Mais lorsque m, dit l'auteur, est une fraction quelconque, les » deux séries vont à l'infini, et leur réunion est *nécessaire* pour » avoir l'expression complète de $\cos mx$; ce que personne, ce me » semble, n'avait encore observé. »

6. Mais il y a là-dessus plusieurs remarques essentielles à faire, et quelques exceptions très curieuses à présenter.

Et d'abord, on peut remarquer que la formule même que présente M. de Lagrange n'offre pas actuellement toute la généralité qu'elle doit avoir; car je suppose m égal à la fraction irréductible $\frac{r}{n}$, et j'imagine que l'angle x devienne successivement $\pm x$, $\pm x+c$, $\pm x+2c$, $\pm x+3c$, etc., $\pm x+(n-1)c$, c désignant la circonférence entière. Il est évident que le second membre de l'équation, qui ne contient que des puissances entières de p ou $\cos x$ et des coefficiens constans, conservera toujours la même valeur unique, tandis que le premier membre $\cos mx$ en prendra généralement $2n$ différentes, et même, comme on le sait, toutes réelles. Ainsi la formule dont il s'agit, si elle est exacte, ne l'est certainement, dans l'état actuel où elle est présentée, que pour un des angles dont je viens de parler, et doit être fausse pour tous les autres.

Il faut donc commencer par rétablir dans cette formule la généralité qu'on lui a fait perdre par une transformation incomplète de ses coefficiens; car j'observe que notre première expression

$$\begin{aligned}\cos mx = & \tfrac{1}{2}\{(\sqrt{-1})^{m}+(\sqrt{-1})^{-m}\}P_0 \\ & +\tfrac{1}{2}\{(\sqrt{-1})^{m-1}+(\sqrt{-1})^{1-m}\}mP\end{aligned}$$

était tout-à-fait générale, puisque dans le cas de $m=\frac{r}{n}$, le second membre a, comme le premier, $2n$ valeurs différentes, à raison du radical de degré $2n$, qui affecte les deux coefficiens de P_0 et P, et qu'ainsi les deux membres de l'équation ont précisément le même nombre de valeurs, et la formule toute la généralité dont elle est susceptible.

Si donc on veut débarrasser les deux coefficiens de P_0 et P de leurs imaginaires en les exprimant par des sinus ou des cosinus, il faut avoir soin de leur conserver leur généralité; et c'est ce qu'on ne peut obtenir qu'à l'aide d'un nombre entier indéterminé qu'on introduit dans leur nouvelle expression. Et en effet, j'observe que l'équation $\sqrt{-1} = \cos d + \sqrt{-1}\sin d$ ne donne pas seulement

$(\sqrt{-1})^m = \cos md + \sqrt{-1} \sin md$, comme le pose M. de Lagrange, mais qu'on a plus généralement

$$(\sqrt{-1})^m = \cos m(ec \pm d) + \sqrt{-1} \sin m(ec \pm d),$$

e désignant un nombre entier quelconque, et c la circonférence. Or, dans le cas de l'exposant fractionnaire $m = \frac{r}{n}$, cette expression de $(\sqrt{-1})^m$ prend les $2n$ valeurs qu'elle doit avoir, en donnant à e les n valeurs 0, 1, 2, 3, 4, etc. $n-1$; et elle n'en prend pas davantage, parce qu'en continuant d'ajouter la circonférence, les mêmes valeurs reviendraient à l'infini.

On aurait donc, pour l'expression générale de $\cos mx$, ou plutôt de $\cos m(e'c \pm x)$, la formule

$$\cos m(e'c \pm x) = \cos m(ec \pm d)P_0 + \cos(m-1)(ec \pm d)mP,$$

où il faut voir maintenant quels sont les deux entiers e et e' qui doivent aller ensemble pour que les deux membres s'accordent à donner la même valeur de part et d'autre. Dans cette vue, j'imagine que l'arc x varie et devienne égal à un angle droit; p et P deviennent nuls, et la série P_0 se réduit exactement à l'unité. La formule précédente donnerait donc, en faisant $x = d$,

$$\cos m(e'c \pm d) = \cos m(ec \pm d);$$

d'où il faut conclure que e' doit être actuellement égal à e, et qu'ainsi on a, pour la formule générale considérée dans toute sa précision,

$$(\alpha) \ldots \cos m(ec \pm x) = \cos m(ec \pm d)P_0 + \cos(m-1)(ec \pm d)mP,$$

où le nombre e désigne un entier quelconque depuis 0 jusqu'à $n-1$, n étant le dénominateur de la fraction irréductible $m = \frac{r}{n}$ que l'on considère.

7. Nous avons donc, au moyen de ce nombre indéterminé e, une

formule (α) aussi générale que la première (1), et qui convient à toutes les valeurs possibles de l'exposant m.

Voyons maintenant dans quels cas l'un ou l'autre des coefficiens de P_0 et P pourrait disparaître, et où $\cos mx$ n'aurait besoin pour son développement que de l'une de nos deux séries partielles, et dans quels cas la réunion des deux séries est nécessaire.

8. La chose est évidente lorsque m est un nombre entier; car on a $\cos m(ec \pm d) = 0$, ou $\cos(m-1)(ec \pm d) = 0$, selon que m est impair ou pair; et l'on retrouve alors les deux formules (A) et (A') que nous avons rapportées plus haut.

9. Mais, si m est une fraction $\frac{r}{n}$ de dénominateur impair, quoique la réunion des deux séries P_0 et P soit en général nécessaire pour l'expression de $\cos mx$, je dis qu'elle ne l'est pas pour tous les angles $\pm x$, $c \pm x$, $2c \pm x$, $3c \pm x$, etc., qui pourtant répondent au même cosinus p; et l'on va voir qu'il y a toujours deux de ces angles pour lesquels une des deux séries disparaît, et où $\cos mx$ se trouve exprimé par la même formule que dans le simple cas de m entier; ce qui mérite assurément d'être remarqué.

10. En effet, cherchons d'une manière directe dans quels cas le coefficient de la série P_0, par exemple, et qui est $\cos \frac{r}{n}(ec \pm d)$, peut disparaître; il n'y a qu'à chercher dans quels cas l'angle $\frac{r}{n}(ec \pm d)$ devient un multiple impair d'un angle droit. Ainsi il faut qu'on ait, en désignant par I un nombre impair, $\frac{r}{n}(ec \pm d) = \mathrm{I}d$, ou bien

$$r(4e \pm 1) = n\mathrm{I}.$$

Or, n et r étant premiers entre eux, l'un d'eux est nécessairement impair; mais $4e \pm 1$ et I sont aussi impairs, donc il faut que r et n soient tous les deux impairs.

Si cette condition a lieu, il est bien aisé de résoudre l'équation précédente, et de trouver le multiple inconnu e; car, en observant que n est premier à r, il est visible que I doit être de la forme ir, afin que le second membre $n\mathrm{I}$ soit, comme le premier, divisible par r. On a donc l'équation plus simple

$$4e \pm 1 = ni,$$

i étant un nombre impair; d'où l'on tire sur-le-champ, en faisant $i=1$, et $i=3$, les deux valeurs

$$e = \frac{n \mp 1}{4} \quad \text{et} \quad e' = \frac{3n \mp 1}{4},$$

seuls nombres, au-dessous de n, qui puissent résoudre la proposée $4e \pm 1 = ni$. Or, il peut arriver deux cas :

1°. Si n est de la forme $4t+1$, on aura, pour e et e', les deux entiers $\frac{n-1}{4}$ et $\frac{3n+1}{4}$, qui tous deux rendront nul le coefficient $\cos\frac{r}{n}(ec \pm d)$ de la série P_0, et donneront ± 1, pour le coefficient de la série $m\mathrm{P}$; car on trouvera, d'un côté,

$$\cos\left(\frac{r}{n} - 1\right)\left(\frac{n-1}{4}c + d\right) = \sin rd = \pm 1,$$

et de l'autre,

$$\cos\left(\frac{r}{n} - 1\right)\left(\frac{3n+1}{4}c - d\right) = -\sin 3rd = \pm 1,$$

les signes $\pm$, selon que le numérateur r de la fraction $\frac{r}{n}$ sera de la forme $4u+1$, ou $4u-1$.

2°. Si le dénominateur n est de la forme $4t-1$, on aura pour e et e' les deux entiers $\frac{n+1}{4}$ et $\frac{3n-1}{4}$, qui donneront, pour les deux coefficiens des séries P_0 et P, les mêmes valeurs que ci-dessus, mais avec le signe contraire, et cela pour les mêmes formes du numérateur r.

D'où je conclus que, *si m est une fraction $\frac{r}{n}$ dont les deux termes soient impairs, il y a toujours deux angles* X, *savoir :* $\frac{n-1}{4}c+x$ *et* $\frac{3n+1}{4}c-x$; ou bien, $\frac{n+1}{4}c-x$ et $\frac{3n-1}{4}c+x$, *du même cosinus donné p, pour lesquels* $\cos m\mathrm{X}$ *s'exprime au moyen de la seule série partielle* P, *exactement par la même formule* (A') *qui convient au cas de m entier et impair;* de sorte qu'on a exactement la formule

$$\cos m\mathrm{X} = \pm m\left\{\cos \mathrm{X} - \frac{m^2-1}{2.3}\cos^3\mathrm{X} + \frac{m^2-1.m^2-9}{2.3.4.5}\cos^5\mathrm{X} - \text{etc.}\right\}$$

quel que soit l'exposant m, entier impair, ou égal à une fraction dont les deux termes soient impairs.

Seulement, il faut observer que le second membre ne répond ici qu'à deux des valeurs différentes dont le premier est susceptible en ajoutant à l'arc X plusieurs fois la circonférence : mais il n'en est pas moins remarquable que, pour ces deux valeurs, la formule soit aussi exacte que celle de M. de Lagrange, et même plus générale, puisque celle-ci ne convient actuellement qu'à une seule des valeurs réelles du premier membre.

11. Mais, pour achever notre analyse, voyons tout de suite dans quels cas le coefficient $\cos(m-1)(ec\pm d)$ de la série P, ou, ce qui est la même chose, $\sin m(ec\pm d)$ pourrait aussi disparaître.

Il est évident que cela ne peut avoir lieu que lorsque l'angle $\frac{r}{n}(ec\pm d)$ devient un multiple pair de l'angle droit d. Ainsi, en désignant par K un nombre pair, on aura, pour déterminer le multiple inconnu e, l'équation

$$r(4e \pm 1) = n\text{K}.$$

Or, r étant premier à n, par hypothèse, il faut qu'on ait $\text{K} = ir$, afin que le second membre $n\text{K}$ soit, comme le premier, divisible par r; on aura donc, en divisant tout par r,

$$4e \pm 1 = ni,$$

où l'on voit, à cause du premier membre impair, que n et i doivent être tous deux impairs, et que par conséquent le numérateur r de la fraction $\frac{r}{n}$ doit être pair.

Si cette condition a lieu, on trouvera, comme ci-dessus, pour l'inconnue e, les deux valeurs entières

$$e = \frac{n-1}{4} \quad \text{et} \quad e' = \frac{3n+1}{4},$$

ou bien, $$e = \frac{n+1}{4} \quad \text{et} \quad e' = \frac{3n-1}{4},$$

selon que n sera de la forme $4t+1$, ou $4t-1$.

Dans l'un et l'autre cas, le coefficient $\cos(m-1)(ec \pm d)$ de la série P deviendra nul, et le coefficient $\cos m(ec \pm d)$ de la série P_0 se réduira à ± 1, selon que le numérateur r sera de la forme $4u$ ou $4u+2$.

D'où l'on voit que *si m est une fraction $\frac{r}{n}$ de dénominateur impair et de numérateur pair, il y a toujours deux angles X, $\frac{n-1}{4}c + x$ et $\frac{3n+1}{4}c - x$; ou bien $\frac{n+1}{4}c - x$ et $\frac{3n-1}{4}c + x$, du même cosinus donné p, pour lesquels $\cos m\text{X}$ s'exprime au moyen de la seule série partielle P_0, exactement par la même formule* (A) *qui convient au cas de m entier et pair.*

12. Mais si le dénominateur n de la fraction est un nombre pair et représenté, je suppose, par $2n'$, le numérateur r sera nécessairement impair, puisqu'il est premier à n, et l'on ne pourra jamais avoir

$$\frac{r}{2n'}(4e \pm 1) = E,$$

E désignant un entier quelconque; car il en résulterait $r(4e \pm 1)$ qui est impair, égal à $2n'E$ qui est pair, ce qui est impossible. Ainsi ni l'un ni l'autre des coefficiens de P_0 et de P ne peut jamais devenir nul pour aucune des valeurs de $\cos mx$.

D'où il résulte enfin, que *le seul cas où la réunion des deux séries* P_0 *et* P *soit nécessaire à l'expression de chacune des valeurs de* $\cos mx$, *est celui de* m *égal à une fraction irréductible de dénominateur pair.*

13. Dans les autres cas, on pourrait toujours employer les simples formules ordinaires (A) et (A'); et il n'y aurait pas même au fond d'erreur analytique à craindre, puisque la série représenterait toujours le cosinus d'un arc tel, que s'il était divisé par m, et qu'on en prît le cosinus, on retrouverait précisément le cosinus donné p.

On voit par là combien ce point de doctrine avait besoin d'être approfondi et rectifié dans tous ses détails.

14. Au reste, nous pouvions tirer directement les mêmes conséquences de la première expression algébrique de nos coefficiens, qui, en supposant toujours $(\sqrt{-1})^m = A$, reviennent à

$$\left\{A + \frac{1}{A}\right\} \quad \text{et} \quad -m\sqrt{-1}\left\{A - \frac{1}{A}\right\};$$

il n'y a qu'à chercher pour quelles formes de l'exposant $m = \frac{r}{n}$, les coefficiens peuvent devenir nuls.

Et d'abord, pour que $A + \frac{1}{A}$ disparaisse, il faut que A soit une des racines de $A^2 + 1 = 0$, et partant soit de la forme $\pm\sqrt{-1}$. Il faut donc que $\sqrt{-1}$, ou bien $-\sqrt{-1}$, soit une des valeurs de $(\sqrt{-1})^m$ ou $\sqrt[n]{(\sqrt{-1})^r}$; ce qui exige que r et n soient tous deux impairs, comme on l'a trouvé plus haut.

Ensuite, pour que $A - \frac{1}{A}$ disparaisse, il faut que A soit une des racines de $A^2 - 1 = 0$, et partant soit ± 1 : il faut donc que $+1$, ou que -1 soit une des valeurs de $\sqrt[n]{(\sqrt{-1})^r}$; ce qui exige que r soit pair, et n impair.

Enfin, si n est pair, et marqué par $2n'$, r est impair, et $\sqrt[2n']{(\sqrt{-1})^r}$ revient à $\sqrt[2n']{(\pm\sqrt{-1})}$; expression qui, parmi ses $2n'$ valeurs, n'en a aucune A dont la réciproque soit encore A, ou bien $-$A. De sorte que, dans ce cas, aucun des deux coefficiens ne peut jamais devenir nul; ce qui s'accorde entièrement avec tout ce qui a été développé plus haut.

15. Maintenant, tout ce qu'on vient d'exposer en détail sur la formule relative à $\cos mx$ peut s'appliquer de même à la formule qui exprime $\sin mx$.

Si l'on y veut aussi dégager des imaginaires les deux coefficiens des séries P_0 et P, on trouvera la formule

$$(\beta)\ldots \sin m(ec \pm x) = \sin m(ec \pm d)P_0 + \sin(m-1)(ec \pm d)mP,$$

qui est générale pour toutes les valeurs possibles de m, et où le nombre e désigne un entier quelconque depuis 0 jusqu'à $n-1$, n étant le dénominateur de la fraction quelconque m que l'on considère.

On trouvera de même que si les deux termes r et n de cette fraction sont impairs, il y a toujours parmi les angles $\pm x$, $\pm x + c$, $\pm x + 2c$, etc. $\pm x + (n-1)c$, répondant au même cosinus donné p, deux angles X, pour lesquels on a simplement

$$\sin mX = \pm P_0,$$

comme dans le cas de m entier impair.

Et que si, n étant toujours impair, le numérateur r est pair, on a

$$\sin mX = \pm mP,$$

comme dans le cas de m entier et pair.

Mais que, si n est un nombre pair, il n'y a aucun angle répondant au cosinus donné p, pour lequel la réunion des deux séries P_0 et P ne soit nécessaire à l'expression complète de la fonction $\sin mx$.

16. On pourrait éclaircir toute cette théorie par différens exemples : je me bornerai aux plus simples.

Supposons le cas de $m = \frac{1}{3}$, ce qui répond à la trisection de l'angle x dont le cosinus est p.

Nous avons vu qu'on aura, pour la première valeur $\cos \frac{1}{3} x$,

$$\cos \tfrac{1}{3} x = P_0 \cos \tfrac{1}{3} d + \tfrac{1}{3} P \cos \tfrac{-2}{3} d,$$

et, pour la valeur correspondante de $\sin . \frac{1}{3} x$,

$$\sin \tfrac{1}{3} x = P_0 \sin \tfrac{1}{3} d + \tfrac{1}{3} P \sin \tfrac{-2}{3} d,$$

et que les autres valeurs se trouveraient en prenant dans ces formules les deux arcs x et d augmentés d'une, et puis de deux circonférences.

Comme on a ici $n = 3$, et par conséquent $\frac{3n-1}{4}$ égal à 2, il en résulte que l'arc pour lequel les formules se réduisent aux mêmes que dans le cas de l'exposant entier, est l'arc $x + 2c$; ce qui donne en effet

$$\cos \tfrac{1}{3}(x + 2c) = P_0 \cos \tfrac{1}{3}(d + 2c) + \tfrac{1}{3} P \cos (\tfrac{1}{3} - 1)(d + 2c) = -\tfrac{1}{3} P,$$

et

$$\sin \tfrac{1}{3}(x + 2c) = P_0 \sin \tfrac{1}{3}(d + 2c) + \tfrac{1}{3} P \sin (\tfrac{1}{3} - 1)(d + 2c) = -P_0.$$

Mais on peut vérifier ces résultats au moyen des premières valeurs de $\cos\frac{1}{3}x$ et $\sin\frac{1}{3}x$, supposées connues. En effet, qu'on change x en $x+2c$, et que, par les formules ordinaires, on développe $\cos\frac{1}{3}(x+2c)$, et $\sin\frac{1}{3}(x+2c)$, ce qui donne

$$\cos\tfrac{1}{3}(x+2c) = \cos\tfrac{1}{3}x.\cos\tfrac{2}{3}c - \sin\tfrac{1}{3}x.\sin\tfrac{2}{3}c,$$
$$\sin\tfrac{1}{3}(x+2c) = \sin\tfrac{1}{3}x.\cos\tfrac{2}{3}c + \cos\tfrac{1}{3}x.\sin\tfrac{2}{3}c,$$

il n'y aura plus qu'à mettre dans les seconds membres, à la place de $\cos\frac{1}{3}x$ et $\sin\frac{1}{3}x$, leurs valeurs données plus haut en P_0 et P. Or, si l'on fait cette substitution, on voit (à cause des relations $\cos\frac{2}{3}c = -\sin\frac{1}{3}d = -\frac{1}{2}$, et $\sin\frac{2}{3}c = -\cos\frac{1}{3}d = -\frac{\sqrt{3}}{2}$) que le second membre de la première équation se réduit à $-\frac{1}{3}P$, et que le second membre de la seconde équation se réduit à $-P_0$, comme nous l'avions trouvé par notre analyse.

Si l'on considère maintenant l'arc $-x$, qui a aussi le même cosinus p, on trouve que, pour l'arc $-x+c$, on a encore les simples formules

$$\cos\tfrac{1}{3}(-x+c) = -\tfrac{1}{3}P,$$
$$\sin\tfrac{1}{3}(-x+c) = P_0,$$

et c'est ce qui était indiqué par notre analyse, puisque le multiple e de la circonférence qu'il faut ajouter à l'arc proposé $-x$, est en général $\frac{n+1}{4}$, et devient ici $\frac{3+1}{4}$ ou simplement 1.

Réciproquement, de ces formules simples relatives aux arcs $x+2c$ et $-x+c$, on remonterait, par la même voie, aux formules composées relatives aux arcs x et $-x$, en ajoutant au premier une fois, et au second deux fois la circonférence.

Et en général, on peut voir que, m étant une fraction quelconque de dénominateur impair, si l'on prend simplement, pour $\cos mx$ et $\sin mx$, les mêmes séries que dans le cas de m entier impair, et qu'on en compose les autres valeurs de ces fonctions par le simple développement des expressions $\cos m(x+ec)$, $\sin m(x+ec)$, on parviendra aux mêmes formules générales (α) et (β) que nous avons trouvées; ce qui confirme encore notre analyse.

Quand le dénominateur de la fraction m est un nombre pair, les deux séries P_0 et P entrent nécessairement, comme on l'a vu, dans l'expression de toutes les valeurs de $\cos mx$ et de $\sin mx$.

Ainsi, pour $m=\frac{1}{2}$, vous trouverez

$$\cos\tfrac{1}{2}x = \frac{1}{\sqrt{2}}P_0 + \frac{1}{\sqrt{2}}.\tfrac{1}{2}P,$$
$$\sin\tfrac{1}{2}x = \frac{1}{\sqrt{2}}P_0 - \frac{1}{\sqrt{2}}.\tfrac{1}{2}P,$$

et les deux séries P_0 et P entreront également dans l'expression des trois autres valeurs, qui répondent aux arcs $x+c$, $-x$, et $-x+c$ du même cosinus proposé p.

Pour $m=\frac{1}{4}$, on trouverait

$$\cos\tfrac{1}{4}x = \frac{\sqrt{2+\sqrt{2}}}{2}.P_0 + \frac{\sqrt{2-\sqrt{2}}}{2}.\tfrac{1}{4}P,$$
$$\sin\tfrac{1}{4}x = \frac{\sqrt{2-\sqrt{2}}}{2}.P_0 - \frac{\sqrt{2+\sqrt{2}}}{2}.\tfrac{1}{4}P,$$

et l'on aurait, aux signes près des radicaux, les mêmes formules pour les sept autres valeurs qui répondent aux arcs $x+c$, $x+2c$, $x+3c$, $-x$, $-x+c$, $-x+2c$, $-x+3c$, du même cosinus donné p.

17. Avant de terminer cet article, je ferai encore une remarque générale sur la nature des deux séries P_0 et P : c'est qu'on aura toujours, quel que soit l'exposant m et le cosinus p, l'équation de condition

$$P_0^2 + m^2P^2 = 1.$$

Il suffit, pour le démontrer, de prendre les expressions générales de

$\cos mx$ et de $\sin mx$ données par les formules (α) et (β), de faire les carrés et d'ajouter; ce qui donnera

$$\cos^2 mx + \sin^2 mx = 1 = P_0^2 + m^2 P^2.$$

Ainsi les deux séries P_0 et mP, fonctions de m et de $p = \cos x$, sont telles, que l'une peut toujours être regardée comme le cosinus d'un certain angle dont l'autre serait le sinus.

Or, si m est un nombre entier, ou une fraction quelconque de dénominateur impair, cet angle est précisément mX, X désignant ici un certain angle choisi entre ceux dont le cosinus est p. Mais si m est une fraction de dénominateur pair, cet angle ne peut plus être mX, quel que soit l'angle X que l'on voudra choisir entre ceux dont je viens de parler : ce qui présente une propriété assez singulière des deux séries P_0 et mP.

Mais voici une expression plus générale et plus nette de ces deux séries, et qui donne un moyen facile de sommer chacune d'elles pour des valeurs quelconques de m et p. Si des deux équations (α) et (β), on tire par l'élimination les valeurs séparées de P_0 et de P, on trouve sur-le-champ

$$P_0 = \cos m(d - x),$$
$$mP = \sin m(d - x),$$

d étant toujours l'angle droit.

Ainsi la série P_0, fonction de m et de $p = \cos x$, exprime toujours le cosinus de l'angle $m(d - x)$, et la série mP est toujours le sinus de ce même angle.

18. On pourrait tirer de là les formules générales qui développent les cosinus et sinus d'arcs multiples par les puissances du sinus de l'arc simple. Car, si l'on nomme φ l'arc $d - x$, p ou $\cos x$ devient $\cos(d - \varphi) = \sin \varphi$, et les deux formules précédentes nous donnent

$$\cos m\varphi = P_0,$$
$$\sin m\varphi = mP,$$

ou, changeant la lettre φ en x, et p en q, on aura

$$\cos mx = \left\{1 - \frac{m^2}{2}q^2 + \frac{m^2.m^2-4}{2.3.4}q^4 - \frac{m^2.m^2-4.m^2-16}{2.3.4.5.6}q^6 + \text{etc.}\right\} = Q_0,$$

$$\sin mx = \left\{q - \frac{m^2-1}{2.3}q^3 + \frac{m^2-1.m^2-9}{2.3.4.5}q^5 - \text{etc.} \ldots\ldots\ldots\right\} = mQ.$$

Ce sont les formules connues; mais nous allons les retrouver et les compléter par la même analyse qu'on a employée pour obtenir les formules (α) et (β).

II.

Développemens des sinus et cosinus d'arcs multiples en séries ascendantes suivant les puissances entières du sinus de l'arc simple.

19. En faisant toujours $\cos x = p$ et $\sin x = q$, on aura $p = \sqrt{1-q^2}$, et

$$\cos x + \sqrt{-1}\,\sin x = \sqrt{1-q^2} + q\sqrt{-1},$$

et si on élève à la puissance m, il viendra

$$\cos mx + \sqrt{-1}\,\sin mx = \{\sqrt{1-q^2} + q\sqrt{-1}\}^m = z.$$

On aura de même

$$\cos mx - \sqrt{-1}\,\sin mx = \{\sqrt{1-q^2} + q\sqrt{-1}\}^{-m} = \frac{1}{z};$$

d'où l'on tire

$$2\cos mz = z + \frac{1}{z}, \quad \text{et} \quad 2\sqrt{-1}\,\sin mx = z - \frac{1}{z};$$

et il ne s'agit plus que de développer z, c'est-à-dire, la fonction $\{\sqrt{1-q^2} + q\sqrt{-1}\}^m$, suivant les puissances ascendantes de q.

Or, en suivant la même analyse que l'on a déjà employée, on

tirera de l'équation $z = \{\sqrt{1-q^2} + q\sqrt{-1}\}^m$ différenciée deux fois relativement à q, l'équation du second ordre

$$m^2 z - qz' - (q^2 - 1)z'' = 0,$$

qui est la même que celle qu'on a déjà trouvée, en y changeant p en q.

Si donc le développement de z est représenté de même par

$$z = A + Bq + Cq^2 + Dq^3 + Eq^4 + \text{etc.},$$

et qu'on substitue dans l'équation dérivée, au lieu de z, z', z'', leurs valeurs tirées de ce développement, on arrivera exactement aux mêmes équations pour déterminer les coefficiens A, B, C, D, E, etc.; et l'on obtiendra, comme plus haut, l'expression générale

$$\begin{aligned} z = {} & A\left\{1 - \frac{m^2}{2}q^2 + \frac{m^2.m^2-4}{2.3.4}q^4 - \text{etc.}\right\} \\ & + B\left\{q - \frac{m^2-1}{2.3}q^3 + \frac{m^2-1.m^2-9}{2.3.4.5}q^5 - \text{etc.}\right\}, \end{aligned}$$

où il reste à déterminer les deux coefficiens A et B par la nature de la fonction développée. Mais, cette fonction z n'étant pas composée en q, comme elle l'est en p, les coefficiens A et B ne seront plus ici les mêmes, à raison de cette diversité de forme.

« Pour trouver ces deux coefficiens, ce qu'il y a de plus simple, » dit M. de Lagrange, c'est de chercher par le développement actuel » les deux premiers termes de la série. » Or, puisque $\sqrt{1-q^2}$ donne $1 - \frac{q^2}{2} + \text{etc.}$, il est clair que les deux premiers termes du développement de

$$\left\{1 + q\sqrt{-1} - \frac{q^2}{2} + \text{etc.}\right\}^m$$

sont $1 + mq\sqrt{-1}$; ainsi on aura

$$A = 1, \quad \text{et} \quad B = m\sqrt{-1}.$$

Et, comme le développement de $\frac{1}{z}$ est le même que celui de z, en y changeant m en $-m$, ou $\sqrt{-1}$ en $-\sqrt{-1}$, on aura pour l'expression de $\frac{1}{z}$ la même série, avec les deux nouveaux coefficiens,

$$A = 1, \quad \text{et} \quad B = -m\sqrt{-1};$$

d'où, en faisant ces substitutions, l'auteur conclut les deux formules

$$\cos mx = 1 - \frac{m^2}{2}q^2 + \frac{m^2.m^2-4}{2.3.4}q^4 - \frac{m^2.m^2-4.m^2-16}{2.3.4.5.6}q^6 + \text{etc.} = Q_0,$$
$$\sin mx = mq - \frac{m.m^2-1}{2.3}q^3 + \frac{m.m^2-1.m^2-9}{2.3.4.5}q^5 - \text{etc.} = mQ,$$

qui sont, comme on voit, les formules déjà connues pour le cas de m entier. « Mais, par la manière dont nous venons de les trouver, » dit l'auteur, on voit en même temps qu'elles sont générales pour » des valeurs quelconques de m. »

Ces formules, en effet, comme je l'ai démontré plus haut, sont vraies pour un exposant quelconque m : mais il faut ajouter, ce que l'auteur n'avait point remarqué, qu'elles ne conviennent qu'au plus petit des arcs dont le sinus est q. Car, qu'on suppose, par exemple, $m = \frac{1}{3}$ et $x = \varpi$, et les formules nous donneraient $\cos\frac{1}{3}\varpi = 1$, et $\sin\frac{1}{3}\varpi = 0$; valeurs fausses, puisqu'on a, comme on sait, $\cos\frac{1}{3}\varpi = \frac{1}{2}$, et $\sin\frac{1}{3}\varpi = \frac{\sqrt{3}}{2}$. En général, il est évident que les formules précédentes sont incomplètes pour un exposant fractionnaire $m = \frac{r}{n}$; car les premiers membres $\cos mx$ et $\sin mx$ sont susceptibles de prendre $2n$ valeurs réelles différentes pour les différens arcs x, $x+c$, $x+2c$, etc., $x+(n-1)c$, et leurs supplémens $\varpi - x$, $\varpi - x + c$, $\varpi - x + 2c$, etc. qui ont tous le même sinus q; tandis que les seconds membres Q_0 et mQ, qui ne contiennent que des puissances entières de q, n'en peuvent jamais recevoir qu'une seule. Ainsi ces formules ne peuvent être exactes que pour un seul des arcs dont je viens de parler, et sont fausses pour tous les autres; d'où l'on voit que ce nouveau point d'analyse a également besoin d'être éclairci et rectifié.

20. L'imperfection tient encore ici à une détermination trop particulière des coefficiens A et B : ces deux quantités sont bien des constantes; mais, comme je l'ai déjà remarqué, leurs valeurs ne sont pas simples : elles sont multiples, et du même degré de multiplicité que la fonction développée que l'on considère.

Et en effet, en suivant le calcul même de l'auteur, il est clair que les deux premiers termes du développement de

$$\left\{1 + q\sqrt{-1} - \frac{q^2}{2} + \text{etc.}\right\}^m,$$

suivant les puissances de q, ne sont pas simplement $1 + mq\sqrt{-1}$, comme il le suppose, mais bien $(1)^m + m(1)^{m-1}.q\sqrt{-1}$: de sorte qu'on a en général $A = (1)^m$ et $B = m\sqrt{-1}\,(1)^{m-1}$. Il faut même ici, pour laisser à ces coefficiens toute leur généralité, prendre

$$A = (\sqrt{1})^m, \quad \text{et} \quad B = m\sqrt{-1}.(\sqrt{1})^{m-1};$$

car le radical $\sqrt{1-q^2}$ ne donne pas simplement 1 pour son premier terme, mais bien $\sqrt{1}$ ou la racine carrée de l'unité, qui a naturellement le double signe $\pm$. On voit donc, par cette expression générale des deux coefficiens A et B, qu'ils ont précisément le même nombre de valeurs que les fonctions $\cos mx$ et $\sin mx$ que l'on considère.

Au reste, ces mêmes expressions de A et B pouvaient aussi se trouver par la même voie qu'on avait suivie dans le paragraphe précédent. Car il est clair que ces deux coefficiens A et B ne sont autre chose que les valeurs des fonctions z et $\frac{dz}{dq}$, quand on y fait

$q=0$. En prenant donc ces fonctions, et faisant évanouir q, on trouvera, comme ci-dessus,

$$A=(\sqrt{1})^m \quad \text{et} \quad B=m\sqrt{-1}.(\sqrt{1})^{m-1}.$$

On a donc, pour le développement général de z,

$$z=(\sqrt{1})^m.Q_0+\sqrt{-1}.(\sqrt{1})^{m-1}.mQ,$$

et, changeant m en $-m$, afin d'avoir le développement de $\frac{1}{z}$,

$$\frac{1}{z}=(\sqrt{1})^{-m}.Q_0-\sqrt{-1}.(\sqrt{1})^{1-m}.mQ;$$

d'où l'on tire

$$\left.\begin{aligned}\tfrac{1}{2}\left(z+\tfrac{1}{z}\right)=\cos mx=\tfrac{1}{2}\{(\sqrt{1})^m+(\sqrt{1})^{-m}\}Q_0\\ +\tfrac{\sqrt{-1}}{2}\{(\sqrt{1})^{m-1}-(\sqrt{1})^{1-m}\}mQ,\end{aligned}\right\}\quad(3)$$

$$\left.\begin{aligned}\tfrac{1}{2\sqrt{-1}}\left(z-\tfrac{1}{z}\right)=\sin mx=\tfrac{1}{2\sqrt{-1}}\{(\sqrt{1})^m-(\sqrt{1})^{-m}\}Q_0\\ +\tfrac{1}{2}\{(\sqrt{1})^{m-1}+(\sqrt{1})^{1-m}\}mQ.\end{aligned}\right\}\quad(4)$$

Telles sont les expressions de $\cos mx$ et de $\sin mx$ suivant les puissances ascendantes de $\sin x$, et ces formules, en vertu de l'équivoque attachée aux coefficiens des deux séries Q_0 et Q, sont générales et complètes pour toutes les valeurs de l'exposant m, et pour tous les angles du même sinus donné q.

21. Lorsque m est un nombre entier pair, $(\sqrt{1})^m$ n'a qu'une seule valeur qui est $+1$, et l'on a simplement $\frac{1}{2}\{(\sqrt{1})^m+(\sqrt{1})^{-m}\}=1$: ensuite, le radical $(\sqrt{1})^{m-1}$ a deux valeurs qui sont ± 1; mais, quelle que soit celle qu'on adopte, le coefficient $\{(\sqrt{1})^{m-1}-(\sqrt{1})^{1-m}\}$ est toujours nul. Ainsi les formules deviennent simplement

$$(\text{pour } m \text{ entier et pair}) \quad \cos mx=Q_0, \quad \sin mx=\pm mQ.$$

La première ne présente qu'une seule valeur, et la seconde en présente deux égales et de signes contraires ; et cela doit être quand m est pair, puisque si l'on change l'arc x en $\varpi - x$, qui a le même sinus q, $\cos mx$ garde la même valeur et le même signe, tandis que $\sin mx$ prend un signe contraire.

Quand m est un entier impair, $(\sqrt{1})^m$ a la double valeur ± 1, et $(\sqrt{1})^{m-1}$ la valeur simple $+1$, et les formules deviennent ainsi

$$\text{(pour } m \text{ entier et impair)} \quad \cos mx = \pm Q_0, \quad \sin mx = mQ.$$

Ici la première formule est double, et la seconde est simple, parce que m étant impair, si l'on met $\varpi - x$ au lieu de x, $\cos mx$ change de signe, et $\sin mx$ ne change point.

La série Q_0 se termine exactement, comme celle du binome de Newton, dans le cas où m est un nombre pair, mais elle va à l'infini quand m est impair. La série Q, au contraire, se termine quand m est impair, et va à l'infini si m est pair. Or, pour avoir deux nouvelles formules qui se terminent dans les mêmes cas où les premières vont à l'infini, qu'on les différencie toutes deux par rapport à x, et si l'on observe que $\frac{dq}{dx} = p$, on trouvera, en faisant pour abréger, $\frac{dQ_0}{dq} = Q'$ et $\frac{dQ}{dq} = Q'_0$,

$$\cos mx = p \cdot Q'_0, \quad \text{et} \quad \sin mx = -\frac{p}{m} Q',$$

dont la première s'arrête quand m est impair, et la seconde quand m est pair : et, dans ces formules, l'ambiguité se trouve renfermée dans le facteur p ou $\cos x$, qui change de signe quand l'arc x est changé en $\varpi - x$.

22. Tout ceci s'accorde entièrement avec les expressions connues ; mais je passe au cas de l'exposant m égal à une fraction $\frac{r}{n}$.

Dans ce cas, il est facile de voir que les coefficiens des deux séries

Q_0 et Q reçoivent $2n$ valeurs réelles, comme cela doit être, et qui répondent aux $2n$ valeurs réelles des fonctions $\cos mx$ et $\sin mx$, pour tous les angles qui ont le même sinus donné q. Ainsi, la réunion des deux séries Q_0 et Q est nécessaire en général à l'expression complète de $\cos mx$ et $\sin mx$ suivant les puissances ascendantes de $\sin x$. Mais, parmi ces différens arcs de même sinus q, il peut y en avoir quelques-uns pour lesquels une des deux séries disparaisse par l'évanouissement du coefficient qui la multiplie, auxquels cas $\cos mx$ et $\sin mx$ s'exprimeraient par les mêmes formules qui conviennent au simple cas de m entier ; et c'est ce qu'il faut actuellement examiner.

23. Pour plus de clarté, on peut d'abord délivrer les formules (3) et (4) de leurs imaginaires, comme on l'a fait dans le paragraphe précédent, en posant

$$(\sqrt{1})^m = \cos me\varpi + \sqrt{-1}\sin me\varpi,$$
$$(\sqrt{1})^{m-1} = \cos(m-1)e\varpi + \sqrt{-1}\sin(m-1)e\varpi,$$

ϖ étant la demi-circonférence, et le nombre e un entier indéterminé ; et si l'on enveloppe sous la même expression $(e\varpi \pm x)$ tous les arcs $2e\varpi + x$ et $2e\varpi + \varpi - x$ de même sinus q, il viendra, pour les formules (3) et (4) présentées dans toute leur généralité,

$$(\gamma)\ldots \cos m(e\varpi \pm x) = \cos me\varpi . Q_0 - \sin(m-1)e\varpi . mQ,$$
$$(\delta)\ldots \sin m(e\varpi \pm x) = \sin me\varpi . Q_0 + \cos(m-1)e\varpi . mQ,$$

où le nombre e est un entier qui doit être pris le même dans les deux membres, depuis o jusqu'à $2n-1$, avec cette attention de faire répondre les nombres pairs e à l'arc $+x$, et les impairs à l'arc $-x$.

24. Actuellement il est bien aisé de voir quels sont les cas où l'un ou l'autre des coefficiens de Q_0 et de Q peut disparaître. Et d'abord,

pour que $\sin(m-1)e\varpi$ ou $\sin me\varpi$ disparaisse, il est évident qu'on doit prendre les nombres $e=0$ et $e=n$, n étant le dénominateur de la fraction $m=\frac{r}{n}$.

On voit donc, par ces deux valeurs de e, que, parmi les différens angles du sinus donné q, il y en a deux X, savoir x, et $n\varpi+x$, si n est pair; ou x et $n\varpi-x$, si n est impair, pour lesquels on a les mêmes formules

$$\cos mX = \pm Q_0 \quad \text{et} \quad \sin mX = \pm mQ$$

que dans le simple cas de m entier (les signes $\pm$ dépendant de la nature des deux nombres r et n qui forment les deux termes de la fraction que l'on considère).

En second lieu, on peut chercher les cas où l'autre coefficient $\cos me\varpi = \cos\frac{r}{n}e\varpi$ deviendrait aussi nul à son tour. Or il est évident que cela ne peut arriver que lorsque l'angle $\frac{r}{n}e\varpi$ devient un multiple impair d'un angle droit. D'après cette condition, il est aisé de voir que le dénominateur n doit être nécessairement un nombre pair, et qu'alors on a, pour le multiple inconnu e, ces deux nombres

$$e=\frac{n}{2} \quad \text{et} \quad e=\frac{3n}{2},$$

qui seront tous deux pairs, ou tous deux impairs, selon que n sera de la forme $4u$, ou $4u+2$.

On voit donc que, pour toute fraction $m=\frac{r}{n}$ de dénominateur pair, il y a deux arcs X, savoir : $\frac{n}{2}\varpi+x$, et $\frac{3n}{2}\varpi+x$, ou bien $\frac{n}{2}\varpi-x$ et $\frac{3n}{2}\varpi-x$, pour lesquels on a ces simples formules

$$\cos mX = \pm mQ, \quad \text{et} \quad \sin mX = \pm Q_0,$$

dont chacune ne contient qu'une des deux séries Q_0 et Q.

Pour tous les autres arcs, la réunion de ces deux séries est nécessaire à l'expression complète de $\cos mx$ et de $\sin mx$, suivant les puissances de $\sin x$; propriété analogue à celle des mêmes fonctions développées par les puissances du cosinus. Mais les développemens par les sinus ont cela de particulier, qu'il n'y a aucun cas de l'exposant m qui exige la réunion des deux séries Q_0 et Q pour *toutes* les différentes valeurs de l'arc du sinus donné; au lieu que, dans les premières formules (α) et (β), il y a le cas de l'exposant m égal à une fraction de dénominateur pair, qui exige la réunion des deux séries P_0 et P pour tous les différens arcs du cosinus donné.

Mais nous n'entrerons pas sur ce point dans de nouveaux détails, et nous nous dispenserons de donner ici des applications particulières qui n'auraient aucune difficulté : nous nous contenterons d'ajouter la remarque suivante.

25. Pour établir les formules générales (γ) et (δ), nous avons voulu suivre la même analyse que l'auteur du *Calcul des Fonctions*, afin de rendre plus sensible l'imperfection qui s'y rencontre, de la corriger à l'endroit même où elle s'introduit, et de montrer par ces nouveaux exemples que « si l'analyse paraît quelquefois en » défaut, c'est toujours faute de l'envisager d'une manière assez éten- » due, et de la traiter avec toute la généralité dont elle est suscep- » tible. » Remarque très juste, que M. de Lagrange lui-même venait de faire dans le même ouvrage, sur un point semblable de doctrine, qu'il venait de rectifier d'après Euler, et qui a encore besoin d'être rectifié, comme on le verra dans le IVe paragraphe de ce Mémoire.

Mais je dois ajouter que, s'il s'agissait simplement d'établir les formules générales (α), (β), (γ), (δ), on pourrait y parvenir d'une manière plus directe et plus simple, et sans passer par des transformations imaginaires. Et d'abord, il suffirait, comme on l'a déjà remarqué, d'établir seulement, ou les deux premières, ou les deux dernières, car il est facile de passer presque immédiatement des unes aux autres.

Or soit, par exemple, à développer $\cos mx$ suivant les puissances entières de $p = \cos x$; on aurait

$$\cos mx = A + Bp + Cp^2 + Dp^3 + \text{etc.},$$

où il faudrait déterminer les coefficiens A, B, C, D, etc. par la nature même de la fonction $\cos mx$.

D'abord, il est évident que le premier A est égal à ce que devient cette fonction quand on suppose $p = 0$, ou bien $x = ec \pm d$; ainsi l'on a d'abord

$$A = \cos m(ec \pm d).$$

Qu'on prenne ensuite la fonction dérivée de $\cos mx$ par rapport à p, et il est clair que le second coefficient B est égal à ce que devient cette fonction dérivée quand on fait $p = 0$, ou $x = ec \pm d$; ainsi on trouvera

$$B = m\,\frac{\sin m(ec \pm d)}{\sin(ec \pm d)} = m \cos(m - 1)(ec \pm d).$$

Et ainsi de suite; ce qui donnera précisément la même formule générale (α) que nous avons établie au commencement.

III.

Développemens des sinus ou cosinus d'arcs multiples par les puissances entières de la tangente de l'arc simple.

Ces formules, qu'on tire facilement de celles que Jean Bernouilly a trouvées le premier par induction (Actes de Leipsic, 1701), se démontrent aujourd'hui d'une manière très simple. On fait toujours, suivant le théorème de Moivre,

$$\cos mx + \sqrt{-1}\,\sin mx = (\cos x + \sqrt{-1}\,\sin x)^m = (p+q\sqrt{-1})^m,$$
$$\cos mx - \sqrt{-1}\,\sin mx = (\cos x - \sqrt{-1}\,\sin x)^m = (p-q\sqrt{-1})^m;$$

on développe les puissances par le binome de Newton, et l'on ajoute les deux développemens; les imaginaires se détruisent, et, divisant par 2, on trouve

$$\cos mx = p^m\left\{1 - \frac{m.m-1}{2}\cdot\frac{q^2}{p^2} + \frac{m.m-1.m-2.m-3}{2\,.\,3\,.\,4}\cdot\frac{q^4}{p^4} - \text{etc.}\right\} = p^m S_0.$$

Si l'on retranche les mêmes expressions, les parties réelles se détruisent, et divisant par $2\sqrt{-1}$, on trouve

$$\sin mx = p^m\left\{m\frac{q}{p} - \frac{m.m-1.m-2}{2\,.\,3}\cdot\frac{q^3}{p^3} + \frac{m.m-1...m-4}{2\,.\,3\,.\,4\,.\,5}\cdot\frac{q^5}{p^5} - \text{etc.}\right\} = p^m S,$$

et l'on a ainsi, pour l'expression de $\cos mx$ et de $\sin mx$, deux formules qui paraissent devoir convenir à toutes les valeurs possibles de l'exposant m.

26. Mais, au premier coup d'œil jeté sur ces formules, il est aisé de reconnaître leur imperfection dans le cas de l'exposant m fractionnaire. Car soit m une fraction irréductible $\frac{r}{n}$, et imaginez que l'arc x devienne $x+ec$, c désignant la circonférence et le nombre e un entier quelconque, il est évident que les séries S_0 et S qui ne contiennent que des puissances entières de $\frac{q}{p}$ ou $\tan x$, garderont toujours les mêmes valeurs uniques; et que, par conséquent, les seconds membres de nos équations, $p^m S_0$ et $p^m S$, c'est-à-dire $S_0\sqrt[n]{p^r}$, $S\sqrt[n]{p^r}$, conserveront toujours leurs mêmes n valeurs dont deux au plus seront réelles; tandis que les premiers membres $\cos mx$, et $\sin mx$, acquerreront n valeurs différentes toutes réelles. Ainsi il est impossible qu'on ait généralement, pour tous les angles du même

cosinus p et du même sinus q, les formules

$$\cos mx = p^m S_0 \quad \text{et} \quad \sin mx = p^m S;$$

d'où il résulte qu'il y a dans l'analyse précédente, qui paraît si simple, quelque défaut particulier qui nous a échappé.

27. Pour le découvrir, je reprends la formule générale

$$\cos mx + \sqrt{-1} \sin mx = (p + q\sqrt{-1})^m,$$

d'où l'on est parti, et qui donne

$$\cos mx + \sqrt{-1} \sin mx = p^m S_0 + \sqrt{-1} \,.\, p^m S;$$

et je remarque que la démonstration présentée ci-dessus revient tout uniment à égaler ici la partie réelle à la partie réelle, et l'imaginaire à l'imaginaire; ce qui donne sur-le-champ les deux équations incomplètes dont il s'agit.

Mais si, dans le premier membre $\cos mx + \sqrt{-1} \sin mx$, la partie réelle $\cos mx$, et la partie imaginaire $\sqrt{-1} \sin mx$, sont bien en évidence dans tous les cas possibles, il n'en est pas de même dans le second membre $p^m S_0 + \sqrt{-1} \,.\, p^m S$: car quoique le terme $p^m S_0$ paraisse réel, il ne l'est cependant que pour la valeur réelle de p^m (en supposant même qu'il y en ait une, ce qui exige que p ne soit pas négatif quand m est un exposant de dénominateur pair). Mais en général ce premier terme $p^m S_0$ est de la forme $a + b\sqrt{-1}$; et il en est de même de l'autre terme $\sqrt{-1} \,.\, p^m S$.

Si donc on veut former, par la comparaison, deux équations bien précises, il faut faire en sorte que la partie réelle et la partie imaginaire soient aussi nettement séparées dans le second membre qu'elles le sont dans le premier.

28. Pour y parvenir, je désigne par Π la valeur réelle et positive de l'expression p^m, en y considérant le cosinus p pris d'une manière absolue. Alors toutes les valeurs de p^m seront exprimées générale-

ment par $\Pi(\pm 1)^m$, ou par

$$p^m = \Pi(\cos me\varpi + \sqrt{-1}\sin me\varpi),$$

ϖ étant la demi-circonférence, et le nombre e un entier quelconque, pair dans le cas de p ou $\cos x$ positif, et impair dans le cas de $\cos x$ négatif.

Substituant cette valeur générale de p^m dans la première équation, d'où l'on est parti, et mettant plus généralement, au lieu de l'arc x, l'arc $e'\varpi \pm x$, on aura cette équation

$$\begin{aligned}&\cos m(e'\varpi \pm x) + \sqrt{-1}\sin m(e'\varpi \pm x)\\ &= \Pi(\cos me\varpi S_0 - \sin me\varpi S) + \Pi(\sin me\varpi S_0 + \cos me\varpi S)\sqrt{-1},\end{aligned}$$

où les parties réelles et les parties imaginaires sont nettement séparées. On aura donc, en comparant, les deux équations exactes

$$\begin{aligned}\cos m(e'\varpi \pm x) &= \Pi(\cos me\varpi S_0 - \sin me\varpi S),\\ \sin m(e'\varpi \pm x) &= \Pi(\sin me\varpi S_0 + \cos me\varpi S),\end{aligned}$$

où il ne reste plus qu'à voir quels sont les entiers e' et e qui vont ensemble pour la correspondance parfaite des deux membres de ces égalités. Or, si l'on imagine que l'arc x diminue jusqu'à l'arc o, la série S devient o, la série S_0 se réduit à 1, et l'on a aussi $\Pi = 1$. Les deux équations précédentes deviennent donc $\cos me'\varpi = \cos me\varpi$, et $\sin me'\varpi = \sin me\varpi$; d'où il résulte que, pour l'accord des formules, les deux entiers e' et e sont toujours égaux entre eux.

29. Ainsi les véritables formules générales sont

$$\begin{aligned}\cos m(e\varpi \pm x) &= \Pi(\cos me\varpi . S_0 - \sin me\varpi . S),\\ \sin m(e\varpi \pm x) &= \Pi(\sin me\varpi . S_0 + \cos me\varpi . S),\end{aligned}$$

où le nombre e est le même dans les deux membres, et doit être pris depuis o jusqu'à $2n$; (les nombres pairs o, 2, 4, 6, etc. répondant au signe $+$, et les impairs 1, 3, 5, 7, etc. répondant au signe $-$ de l'angle x, que je suppose inférieur à l'angle droit).

30. Quand le nombre m est entier, ces formules reviennent aux formules ordinaires par l'évanouissement de $\sin me\varpi$ et par la réduction de $\cos me\varpi$ à ± 1. Mais si m est fractionnaire, la même chose ne peut avoir lieu que pour un certain arc $x + e\varpi$, e étant un nombre déterminé qu'il est facile de trouver : et cela même n'arrive pas pour tous les exposans m; car, m étant une fraction de dénominateur pair, et l'arc que l'on considère étant $\varpi - x$, de cosinus négatif; comme le nombre e doit alors être pris parmi les impairs, et qu'il n'y a aucun nombre impair e qui puisse donner $\sin me\varpi = 0$, il en résulte que, parmi tous les arcs du même sinus et du même cosinus donné, il n'y en a pas un seul auquel les formules ordinaires puissent convenir. Il n'y a donc que nos formules générales qui soient applicables à tous les exposans possibles, et à tous les arcs d'une même tangente donnée. $\frac{q}{p}$.

31. Mais si l'on veut se borner aux valeurs de $\cos mx$ et $\sin mx$, uniquement relatives à l'arc simple que l'on considère, on n'aura qu'à faire, dans nos formules, $e = 0$, pour le cas de x plus petit qu'un droit, et l'on aura les formules ordinaires; d'où l'on voit d'abord que ces formules conviennent à un exposant quelconque, pourvu que l'angle soit inférieur à l'angle droit.

32. Ensuite, pour un arc de cosinus négatif, on fera $e = 1$, ce qui revient à considérer dans la formule l'arc $\varpi - x$ plus grand qu'un droit; et l'on aura

$$\cos m(\varpi - x) = \Pi(\cos m\varpi \,.\, S_0 - \sin m\varpi \,.\, S),$$
$$\sin m(\varpi - x) = \Pi(\sin m\varpi \,.\, S_0 + \cos m\varpi \,.\, S),$$

qui ne reviennent plus aux formules ordinaires. D'où l'on voit que, même en se bornant aux valeurs relatives à l'arc simple, les formules ordinaires se trouvent fautives, quand le cosinus de cet arc est négatif.

IV.

Développemens des mêmes fonctions $\cos mx$ et $\sin mx$ par les puissances descendantes du cosinus de l'arc simple x.

33. Au commencement de ce Mémoire, nous avons développé $\cos mx$ et $\sin mx$ en séries suivant les puissances ascendantes du cosinus de l'arc x que l'on considère; mais les géomètres ont aussi donné des formules pour développer ces fonctions par les puissances *descendantes* de la même variable, ce qui présente de nouvelles difficultés qui méritent un examen tout particulier.

En supposant l'arc x plus petit qu'un droit, et par conséquent le cosinus p positif, on a trouvé plus haut les séries exactes

$$\cos mx = p^m S_0, \quad \sin mx = p^m S,$$

qui contiennent les puissances de p et q mêlées ensemble : or, au moyen de l'équation $q^2 = 1 - p^2$, on pourrait faire disparaître toutes les puissances paires de q, et il viendrait deux séries qui procéderaient suivant les puissances descendantes de p ou $\cos x$, ce qu'il s'agit d'obtenir. Mais, comme il serait difficile d'arriver à des séries régulières, par la simple substitution, on observe qu'en vertu des deux équations connues

$$2\cos x \,.\, \cos mx = \cos(m+1)x + \cos(m-1)x,$$
$$2\cos x \,.\, \sin mx = \sin(m+1)x + \sin(m-1)x,$$

les cosinus et sinus d'arcs multiples forment toujours deux séries récurrentes dont l'échelle de relation est $2\cos x, \, -1$. Ainsi, en partant des deux premières valeurs de $\cos mx$ et $\sin mx$ pour $m = 0$

et $m = 1$, il est facile de s'élever aux autres, et de former deux tables qu'on peut étendre aussi loin qu'on veut, et d'où l'on tire les deux formules suivantes

$$\cos mx = p^m \left\{ 2^{m-1} - m \cdot 2^{m-3} \frac{1}{p^2} + \frac{m \cdot m-3}{2} \cdot 2^{m-5} \frac{1}{p^4} - \text{etc.}, \right\}$$

$$\sin mx = p^m \left\{ 2^{m-1} \frac{1}{p} - (m-2) 2^{m-3} \frac{1}{p^3} + \frac{m-3 \cdot m-4}{2} 2^{m-5} \frac{1}{p^5} - \text{etc.} \right\} q.$$

(Voyez le Mémoire d'Euler, *Nova Acta Petr.*, tome IX, et le *Calcul des Fonctions* de M. de Lagrange, Leçon X).

34. Il paraît que ces formules n'ont été trouvées que par tâtonnement; mais on peut les démontrer *à posteriori*, en faisant voir que, si elles se vérifiaient jusqu'à un entier quelconque m, elles s'étendraient au nombre $m + 1$; d'où il résulte qu'elles conviennent à un entier quelconque. (Voyez le *Calcul différ.* de M. Lacroix).

Mais, par la manière même dont ces séries sont obtenues, on peut douter qu'elles soient applicables à un exposant m fractionnaire : on trouve même que, dans le cas de m entier et positif, ces séries vont à l'infini, et que, si l'on tient compte de tous les termes, elles donnent, pour $\cos mx$ et $\sin mx$, des valeurs fausses. Il est vrai que, par la nature des tables dont ces séries ne sont que les termes généraux, on ne doit aller, dans ce cas, que jusqu'aux termes qui contiennent des puissances positives de p. Mais, comme les termes qui suivent, dit M. de Lagrange, ne sont pas nuls, on ne voit pas, *a priori*, pourquoi on les doit rejeter; et l'on voit encore moins ce que la formule exprimerait en ne les rejetant pas : difficultés singulières que l'auteur se propose de résoudre dans la Leçon suivante.

35. Euler est le premier qui ait reconnu et corrigé cette espèce d'imperfection des formules dont il s'agit, et il a fait voir que, pour être générales et applicables à toutes les valeurs de m, elles devaient être complétées par des formules toutes semblables, mais où l'expo-

sant m est négatif, M. de Lagrange, dans la Leçon XIe de l'ouvrage cité, parvient, par une analyse à peu près semblable, à cette même conclusion. De sorte que, si l'on représente, pour abréger, la première série $p^m\left\{2^{m-1}-m.2^{m-3}\frac{1}{p^2}+\text{etc.}\right\}$ par $p^m O_m$, et la même série où l'on changerait m en $-m$, par $p^{-m}O_{-m}$, on a pour le développement complet de $\cos mx$ suivant les puissances descendantes de $\cos x$, la formule générale

$$\cos mx = p^m O_m + p^{-m} O_{-m}.$$

36. Maintenant on voit que, si m est un nombre entier, cette formule, quoique prolongée à l'infini, revient toujours à une forme finie, par la destruction mutuelle de tous les termes qui contiennent des puissances négatives de p; de sorte que le résultat est le même que celui qu'on obtiendrait par la simple série $p^m O_m$, en n'y conservant que les puissances positives de p; ce qui s'accorde parfaitement avec ce qu'on a vu plus haut.

Mais, si m est fractionnaire, dit M. de Lagrange, les puissances négatives de p ne se détruisent plus, et la réunion des deux séries $p^m O_m$ et $p^{-m}O_{-m}$ est nécessaire à l'expression complète de $\cos mx$.

37. Quant à $\sin mx$, si l'on différencie la formule précédente par rapport à x, on trouve, en observant que $\frac{dp}{dx}$ est égal à $-q$, la formule

$$\sin mx = q(p^m I_m - p^{-m} I_{-m}),$$

où je désigne par $p^m I_m$, la série $p^m\left\{2^{m-1}\frac{1}{p}-(m-2).2^{m-3}\frac{1}{p^3}+\text{etc.}\right\}$, et par $p^{-m}I_{-m}$, la même série où l'on change m en $-m$. Et l'on doit appliquer à cette expression tout ce qu'on a dit de la première relative à $\cos mx$.

Imperfection des formules précédentes.

38. Telles sont donc, d'après Euler et M. de Lagrange, les véritables formules générales qui expriment $\cos mx$ et $\sin mx$ par les puissances descendantes de p ou $\cos x$.

Mais, quoique ces formules paraissent assez bien établies, et même qu'elles se vérifient pour un exposant entier quelconque, on va voir qu'elles sont tirées d'une analyse défectueuse, et qu'elles n'ont pas du tout la généralité qu'on leur suppose.

Et en effet, pour les démontrer, on considère d'abord l'expression générale de $\cos mx$, qui est

$$\cos mx = \frac{(p+\sqrt{p^2-1})^m + (p-\sqrt{p^2-1})^m}{2},$$

et l'on observe qu'il n'y a plus qu'à trouver le développement des binomes suivant les puissances descendantes de p. Or, par une analyse qu'il est inutile de rapporter, on trouve d'abord, pour le premier $(p+\sqrt{p^2-1})^m$, ce développement général

$$(p+\sqrt{p^2-1})^m = (2p)^m - m(2p)^{m-2} + \frac{m.m-3}{2}(2p)^{m-4} = 2p^m O_m,$$

et changeant m en $-m$, on a tout de suite celui de $(p+\sqrt{p^2-1})^{-m}$, qui équivaut à $(p-\sqrt{p^2-1})^m$: d'où l'on conclut sur-le-champ la formule générale dont il s'agit.

Mais, sans revenir ici sur les calculs d'Euler ou de Lagrange, on peut reconnaître au premier coup-d'œil que ce développement de $(p+\sqrt{p^2-1})^m$ est tout-à-fait fautif dans la question que l'on considère. Car, p ou $\cos x$ étant ici essentiellement plus petit que l'unité, $(p+\sqrt{p^2-1})^m$ a nécessairement toutes les valeurs imaginaires, tandis que la série $2p^m O_m$ a au moins une valeur réelle. L'équation $(p+\sqrt{p^2-1})^m = 2p^m O_m$ ne peut donc ici avoir lieu; et si l'on veut remonter à la source de l'erreur, on verra qu'elle est dans la supposition tacite de $p > 1$. Dans l'analyse d'Euler et dans celle de Lagrange, on détermine même le premier coefficient de la série par le cas particulier de p égal à l'infini; ce qui répugne tout-à-fait à la nature de la question. A la vérité, on peut trouver ce même coefficient d'une autre manière, en cherchant, par le binome de Newton, le premier terme du développement de $(p+\sqrt{p^2-1})^m$; mais le vice du calcul y est toujours le même; car, pour avoir ce premier terme, on commence par réduire le radical $\sqrt{p^2-1}$, qui est ici imaginaire, dans la série

$$p - \frac{1}{2p} - \frac{1}{(2p)^3} - \frac{2}{(2p)^5} - \frac{5}{(2p)^7} - \frac{14}{(2p)^9} - \frac{42}{(2p)^{11}} - \text{etc.},$$

qui est toute réelle, et par conséquent fautive, à moins qu'on ne suppose $p > 1$. Ainsi, dans toute cette analyse, on suppose toujours p ou $\cos x$ plus grand que l'unité. Il est possible que, dans ce cas, la série $2p^m O_m$ soit le développement exact de $(p+\sqrt{p^2-1})^m$ (et cela même est vrai); mais $p > 1$ ne pouvant plus représenter un cosinus, l'expression $(p+\sqrt{p^2-1})^m$ ne peut plus répondre à une quantité de la forme $\cos mx + \sqrt{-1} \sin mx$; et la formule générale qu'on a tirée de ce développement cesse d'être applicable aux lignes trigonométriques dont il s'agit. Elle ne peut plus convenir qu'à des cosinus d'angles imaginaires; ou plutôt, comme on le verra plus loin, elle convient à des abscisses de secteurs réels considérés dans l'hyperbole équilatère.

39. Cette étrange hypothèse de $p = \infty$, dont Euler fait usage pour déterminer les coefficiens de sa formule, n'a point échappé à ce grand géomètre, qui en fait expressément la remarque à la fin

de son Mémoire. Il avoue que ce cas particulier dont il s'est servi, et qui est si contraire à la nature des choses, peut rendre les formules fort *suspectes* : mais si l'on fait attention, dit-il, que le développement de l'expression $(p+\sqrt{p^2-1})^m+(p-\sqrt{p^2-1})^m$ est d'abord établi d'une manière générale, et sans aucune idée d'application à la théorie des angles, tous les doutes doivent s'évanouir d'eux-mêmes, surtout quand on observe ensuite que la formule s'accorde si bien avec la vérité.

40. Mais il faut convenir que ce raisonnement ne lève aucun doute. Car, en supposant même que la formule se vérifie dans les applications (ce qui n'a pas lieu), il resterait à voir pourquoi une formule, tirée d'une analyse qui suppose nécessairement $p>1$, serait encore bonne et applicable lorsque p est <1, et peut ainsi répondre à un cosinus.

S'il en était ainsi, il faudrait prouver que cette supposition de $p>1$, qui est actuellement nécessaire pour l'exactitude de chacune des deux équations

$$(p+\sqrt{p^2-1})^m = 2 \cdot p^m O_m,$$
$$(p+\sqrt{p^2-1})^{-m} = 2 \cdot p^{-m} O_{-m},$$

disparaît d'elle-même dans l'addition de ces formules, de manière que la formule résultante est également applicable aux cas de $p>$ ou <1. C'est, en effet, ce qui arrive dans le cas où l'exposant m est un nombre entier positif ou négatif, comme je vais le faire voir tout à l'heure; mais c'est ce qui ne peut plus avoir lieu dans le cas de l'exposant m fractionnaire.

41. Pour le démontrer, je suppose qu'on développe, par la formule de Newton, la puissance m^e du binome $p+\sqrt{p^2-1}$, on aura d'abord, en séparant la partie rationnelle de la partie affectée du radical,

$$(p+\sqrt{p^2-1})^m=\begin{cases} p^m+\frac{m.m-1}{2}p^{m-2}(p^2-1) \\ +\frac{m.m-1.m-2.m-3}{2.3.4}p^{m-4}(p^2-1)^2+\text{etc.} \\ +\sqrt{p^2-1}\left\{mp^{m-1}+\frac{m.m-1.m-2}{2.3}p^{m-3}(p^2-1)+\text{etc.}\right\}, \end{cases}$$

on aura de même

$$(p-\sqrt{p^2-1})^m=\begin{cases} p^m+\frac{m.m-1}{2}p^{m-2}(p^2-1) \\ +\frac{m.m-1.m-2.m-3}{2.3.4}p^{m-4}(p^2-1)^2+\text{etc.} \\ -\sqrt{p^2-1}\left\{mp^{m-1}+\frac{m.m-1.m-2}{2.3}p^{m-3}(p^2-1)+\text{etc.}\right\} \end{cases}$$

Si l'on ajoute ces développemens, la partie affectée du radical $\sqrt{p^2-1}$ disparaît, et il vient simplement

$$\begin{aligned} &(p+\sqrt{p^2-1})^m+(p-\sqrt{p^2-1})^m \\ &=2\left\{p^m+\frac{m.m-1}{2}p^{m-2}(p^2-1)+\frac{m.\ldots.m-3}{2.3.4}p^{m-4}(p^2-1)^2+\text{etc.}\right\}, \end{aligned}$$

équation parfaitement exacte, quel que soit m, et quel que soit p plus grand ou plus petit que l'unité.

Si, avant de faire l'addition des deux expressions précédentes, on avait substitué au radical $\sqrt{p^2-1}$, le développement

$$p-\frac{1}{2p}-\frac{1}{(2p)^3}-\frac{2}{(2p)^5}-\text{etc.},$$

qui n'est légitime qu'autant que p est >1, les parties provenantes de ce radical développé ne s'en seraient pas moins détruites dans la somme des deux formules, et par conséquent on pourrait encore y supposer sans erreur la quantité $p<1$, ou faire $p=\cos x$, auquel cas le premier membre $(p+\sqrt{p^2-1})^m+(p-\sqrt{p^2-1})^m$ répondrait précisément à $2\cos mx$. Ainsi, la fausse supposition qu'on aurait faite se serait encore évanouie du résultat, qui resterait aussi exact qu'auparavant.

Mais, au lieu de former le développement de $(p-\sqrt{p^2-1})^m$ par la voie que je viens de suivre, on observe qu'on a l'équation identique

$$(p-\sqrt{p^2-1})^m = (p+\sqrt{p^2-1})^{-m},$$

qui est vraie quel que soit p; et que par conséquent, pour avoir le développement de $(p-\sqrt{p^2-1})^m$, il suffit de changer m en $-m$ dans celui de $(p+\sqrt{p^2-1})^m$, lequel répond à la série $2p^m O_m$.

On a donc cette nouvelle expression de $(p-\sqrt{p^2-1})^m$.

$$(p-\sqrt{p^2-1})^{+m} = \left\{\begin{array}{l} p^{-m} + \frac{m.m+1}{2} p^{-m-2}(p^2-1) \\ + \frac{m.m+1.m+2.m+3}{2\,.\,3\,.\,4} p^{-m-4}(p^2-1)^2 + \text{etc.} \\ -\sqrt{p^2-1}\left\{mp^{-m-1} + \frac{m.m+1.m+2}{2.3} p^{-m-3}(p^2-1) + \text{etc.}\right\}, \end{array}\right.$$

laquelle, en y mettant, au lieu du radical $\sqrt{p^2-1}$, sa valeur $\left(p-\frac{1}{2p}-\frac{1}{(2p)^3}-\text{etc.}\right)$ répond à la série $2p^{-m}O_{-m}$.

Or, ce nouveau développement de $(p-\sqrt{p^2-1})^m$, qui ne contient que des puissances p^{-m}, p^{-m-2}, p^{-m-4}, etc., ne peut être identique avec le premier, où les puissances p^m, p^{m-2}, p^{m-4}, etc. sont toutes différentes, à moins que m ne soit un nombre entier.

Donc, si m est une fraction, on ne peut plus dire que, dans l'addition des deux formules

$$(p+\sqrt{p^2-1})^m = 2p^m O_m,$$
$$(p-\sqrt{p^2-1})^m = 2p^{-m} O_{-m},$$

les termes qui proviennent du développement de l'irrationnelle

$\sqrt{p^2-1}$ se détruisent mutuellement, et que par conséquent la supposition de $p>1$ ait disparu du résultat.

Mais si m est un nombre entier, le second développement de $(p-\sqrt{p^2-1})^m$ ne contenant aucune puissance p^{-m}, p^{-m-2}, p^{-m-4}, etc. qui ne se trouve aussi dans le premier, ces deux développemens de la même quantité seront nécessairement identiques; et par conséquent, dans l'addition des deux formules précédentes, tout ce qui provient du développement fautif de $\sqrt{p^2-1}$ disparaîtra, comme plus haut, du résultat, qui par conséquent sera encore applicable dans le cas où p est <1, et répond ainsi à un cosinus.

42. On voit donc par là que la formule d'Euler ne peut convenir qu'à un exposant m entier, auquel cas elle doit rentrer, et rentre en effet dans l'une ou l'autre des deux séries (A) et (A′) qu'on a trouvées dans le premier paragraphe, et qu'on écrirait simplement dans l'ordre renversé : ce qui n'apprend plus rien de nouveau.

Cependant Euler et Lagrange regardent cette formule comme applicable à toutes les valeurs de m; et dans son Mémoire, Euler donne l'exemple particulier de $m=\frac{1}{2}$, où il trouve que la formule se vérifie. En effet, si l'on pose, pour abréger, $2p=u$, la formule donne, dans le cas de $m=\frac{1}{2}$,

$$2\cos\tfrac{1}{2}x=\left\{\begin{array}{l}\sqrt{u}-\dfrac{1}{2u\sqrt{u}}-\dfrac{5}{8u^3\sqrt{u}}-\dfrac{21}{16u^5\sqrt{u}}-\text{etc.},\\ \dfrac{1}{\sqrt{u}}+\dfrac{1}{2u^2\sqrt{u}}+\dfrac{7}{8u^4\sqrt{u}}+\text{etc.},\end{array}\right\}$$

d'un autre côté, on a $2\cos\frac{1}{2}x=\sqrt{2+u}$; or $\sqrt{2+u}$ développé en série suivant les puissances descendantes de u, donne

$$\sqrt{u+2}=\sqrt{u}+\frac{1}{\sqrt{u}}-\frac{1}{2u\sqrt{u}}+\frac{1}{2u^2\sqrt{u}}-\frac{5}{8u^3\sqrt{u}}+\frac{7}{8u^4\sqrt{u}}-\text{etc.},$$

ce qui est précisément la réunion des deux séries précédentes dans le développement de $2\cos\frac{1}{2}x$.

Mais il faut observer, à cause de $\frac{u}{2} < 1$, que ces développemens sont illusoires, et aussi fautifs que celui de $\sqrt{p^2 - 1} = p - \frac{1}{2p} - \frac{1}{(2p)^2} - \text{etc.}$ dans le cas de $p < 1$. En supposant, par exemple, un angle x égal aux deux tiers d'un angle droit, on a $p = \frac{1}{2}$ et $u = 1$, et la vraie valeur de $2\cos\frac{1}{2}x$ est $\sqrt{3}$, qui est < 2 : or, par la série, on trouverait

$$2\cos\tfrac{1}{2}x = 1 + 1 - \tfrac{1}{2} + \tfrac{1}{2} - \tfrac{5}{8} + \tfrac{7}{3} - \tfrac{21}{16} + \tfrac{33}{16} - \text{etc. toujours} > 2,$$

ce qui est tout-à-fait faux.

Ainsi, cet exemple de $m = \frac{1}{2}$ est une nouvelle preuve de ce que j'ai avancé; et les formules dont il s'agit ne peuvent être exactes, dans le cas de m fractionnaire, que lorsqu'on suppose $p > 1$. Alors les séries sont convergentes, mais, comme je l'ai dit, elles ne répondent plus qu'à des sections considérées dans l'hyperbole, et c'est ce qu'on verra au n° 52.

43. On a vu plus haut que, si m est un nombre entier, la fausse supposition de $p > 1$ disparaît dans l'addition de nos deux séries $2p^m O_m$ et $2p^{-m} O_{-m}$: mais il est évident que la même chose n'a pas lieu quand, au lieu de la somme, on prend la différence de ces deux expressions. Ainsi, même dans le cas de l'exposant entier, on n'a point l'équation

$$(p + \sqrt{p^2 - 1})^m - (p - \sqrt{p^2 - 1})^m = 2p^m O_m - 2p^{-m} O_{-m},$$

à moins qu'on ne suppose $p > 1$. On ne peut donc avoir

$$2\sqrt{-1}\,\sin mx = 2p^m O_m - 2p^{-m} O_{-m},$$

et il faut rejeter cette expression de $\sin mx$, non point par la raison qu'elle serait embarrassée d'imaginaires, mais bien parce qu'elle est tout-à-fait fausse.

44. Quant à l'autre formule qu'on a donnée pour $\sin mx$, et qu'on obtient sur-le-champ, par la simple différentiation de celle qui exprime $\cos mx$, il faut lui appliquer tout ce que j'ai dit de cette dernière, et en conclure qu'elle ne peut être exacte que dans le cas de l'exposant m entier.

Recherche directe des véritables formules.

45. Après avoir montré le défaut des séries précédentes, il nous reste à chercher directement les véritables (si toutefois ces formules générales sont possibles), et à dissiper tous les nuages qui pourraient encore obscurcir ce point d'analyse.

Or, en considérant d'abord $\cos mx$, nous avons trouvé plus haut la série exacte

$$\cos mx = p^m \left\{ 1 - \frac{m.m-1}{2} \cdot \frac{q^2}{p^2} + \frac{m.m-1.m-2.m-3}{2.3.4} \cdot \frac{q^4}{p^4} - \text{etc.}, \right\}$$

où l'on a $q^2 = 1 - p^2$, $q^4 = 1 - 2p^2 + p^4$, $q^6 = 1 - 3p^2 + 3p^4 - p^6$, etc. Il ne reste donc qu'à substituer ces valeurs de q^2, q^4, q^6, etc., et à ordonner toute la série par rapport aux puissances descendantes p^m, p^{m-2}, p^{m-4}, etc.

Or, si l'on fait, pour abréger,

$$\frac{m.m-1}{2} = a, \quad \frac{m.m-1.m-2.m-3}{2.3.4} = b, \quad \frac{m.m-1 \ldots m-5}{2.3.4.5.6} = c, \text{ etc.},$$

et si l'on représente la série cherchée par

$$\cos mx = Ap^m - Bp^{m-2} + \frac{1}{2} Cp^{m-4} - \frac{1}{2.3} Dp^{m-6} + \text{etc.},$$

on trouve, pour les coefficiens successifs, A, B, C, D, etc.

$$
\begin{aligned}
A &= 1 + a + b + c + d + e + \text{etc.},\\
B &= a + 2b + 3c + 4d + 5e + 6f + \text{etc.},\\
\tfrac{1}{2}C &= b + 3c + 6d + 10e + 15f + 21g + \text{etc.},\\
\tfrac{1}{2.3}\,.\,D &= c + 4d + 10e + 20f + 35g + 56h + \text{etc.},\\
&\text{etc., etc.,}
\end{aligned}
$$

coefficiens dont la composition en a, b, c, d, e, f, etc. est évidente; mais dont il s'agit maintenant de trouver l'expression finie en fonction de l'exposant m.

Pour cela, j'observe que le premier coefficient A, si les termes successifs 1, a, b, c, d, etc. en étaient respectivement multipliés par 1, y, y^2, y^3, y^4, etc., deviendrait $1 + ay + by^2 + cy^3 + \text{etc.}$

c'est-à-dire, $1 + \frac{m.m-1}{2}.y + \frac{m.m-1..m-3}{2.3.4}.y^2 + \text{etc.},$

qui équivaut à $\frac{(1+\sqrt{y})^m + (1-\sqrt{y})^m}{2} = Y,$

de sorte que A est précisément égal à cette fonction Y quand on y fait $y = 1$. Et il est facile de voir que les autres coefficiens B, $\frac{1}{2}$C, $\frac{1}{2.3}$.D, etc. se trouveraient de la même manière par la différentiation successive de cette fonction. Et en effet, on aurait

$$
\begin{aligned}
1 + ay + by^2 + cy^3 + dy^4 + ey^5 + fy^6 + \text{etc.} &= Y,\\
a + 2by + 3cy^2 + 4dy^3 + 5ey^4 + 6fy^5 + \text{etc.} &= \frac{dY}{dy},\\
b + 3c + 6dy^2 + 10ey^3 + 15fy^4 + \text{etc.} &= \frac{1}{2}\cdot\frac{d^2Y}{dy^2},\\
c + 4dy + 10ey^2 + 20fy^3 + \text{etc.} &= \frac{1}{2.3}\cdot\frac{d^3Y}{dy^3},\\
d + 5ey + 15fy^2 + \text{etc.} &= \frac{1}{2.3.4}\cdot\frac{d^4Y}{dy^4},\\
&\text{etc., etc.}
\end{aligned}
$$

Or, si l'on fait $y = 1$, les premiers membres de ces équations deviennent les coefficiens $A, B, \frac{1}{2}C, \frac{1}{2.3}D$, etc. de notre série; d'où il résulte que les valeurs de A, B, C, D, etc. en fonction finie de l'exposant m, sont les fonctions dérivées successives de la fonction $Y = \frac{(1+\sqrt{y})^m + (1-\sqrt{y})^m}{2}$, où l'on fait ensuite $y=1$, et que je dénoterai simplement par (Y), (Y'), (Y''), (Y'''), etc.

Ainsi l'on trouvera de cette manière :

$$A = (Y) = \frac{1}{2}\{2^m + 0^m\},$$

$$B = (Y') = \frac{1}{2^2}\{m(2^{m-1} - 0^{m-1})\},$$

$$C = (Y'') = \frac{1}{2^3}\{m.m-1.(2^{m-2} + 0^{m-2}) - m(2^{m-1} - 0^{m-1})\},$$

$$D = (Y''') = \frac{1}{2^4}\{m.m-1.m-2.(2^{m-3} - 0^{m-3}) \\ - 3m.m-1.(2^{m-2} + 0^{m-2}) + 3m(2^{m-1} - 0^{m-1})\},$$

$$E = (Y^{\text{iv}}) = \frac{1}{2^5}\{m.m-1.m-2.m-3.(2^{m-4} + 0^{m-4}) \\ - 6m.m-1.m-2.(2^{m-3} - 0^{m-3}) \\ + 15m.m-1.(2^{m-2} + 0^{m-2}) - 15m(2^{m-1} - 0^{m-1})\},$$

etc., etc., etc.

46. Telle est la véritable expression analytique des coefficiens A, B, C, D, etc., et dans laquelle il faut conserver les termes 0^m, 0^{m-1}, 0^{m-2}, etc.; parce que chacune de ces puissances de zéro reçoit une valeur particulière, qui est l'unité, ou zéro, ou l'infini, selon que l'exposant de cette puissance est nul, positif ou négatif.

On aura donc, pour le vrai développement de $\cos mx$ suivant les puissances descendantes de p ou $\cos x$, en supposant toujours l'angle x plus petit qu'un droit, et ne considérant que la seule valeur de $\cos mx$, qui est relative à cet arc simple; on aura, dis-je, la série générale

$$\cos mx = (Y)p^m - (Y')p^{m-2} + \frac{1}{2}(Y'')p^{m-4} - \frac{1}{2.3}(Y''')p^{m-6} + \text{etc.},$$

où (Y), (Y′), (Y″), etc. sont les fonctions dérivées successives de la fonction $Y = \frac{(1+\sqrt{y})^m + (1-\sqrt{y})^m}{2}$; dans lesquelles on fait $y = 1$.

47. Maintenant, si l'on suppose m égal à un entier positif, 0, 1, 2, 3, 4, etc., on voit que notre série s'arrête d'elle-même, comme cela doit être, et qu'elle donne la valeur exacte de $\cos mx$.

Ainsi, pour les deux premiers nombres $m=0$ et $m=1$, on trouve que le premier coefficient seul a une valeur finie, et que tous les autres deviennent nuls.

Pour $m=2$ et $m=3$, il n'y a que les deux premiers coefficiens qui subsistent, et tous les autres s'évanouissent.

Pour $m=4$ et $m=5$, il n'y a que les trois premiers coefficiens qui subsistent; et ainsi de suite, à l'infini.

48. Mais si m est une fraction, la série ne se termine plus; et même les premiers coefficiens de cette série ne demeurent finis qu'autant qu'ils ne renferment pas encore dans leur expression, de puissance négative de zéro. Ainsi, pour m compris entre 0 et 1, il n'y a que le premier coefficient qui reste fini; pour m entre 1 et 2, il n'y a que les deux premiers coefficiens qui restent finis; et ainsi de suite. Au-delà, tous les coefficiens deviennent infinis, et la formule est illusoire. Il en est de même pour les exposans négatifs. D'où je conclus que ce développement de $\cos mx$ par les puissances descendantes p^m, p^{m-2}, etc. du cosinus p de x, n'est vraiment possible et applicable que lorsque m est un exposant entier positif; auquel cas il rentre dans le développement de $\cos mx$ par les puissances entières et positives de p.

49. Une chose digne de remarque, c'est que, si dans l'expression analytique de nos coefficiens A, B, $\frac{1}{2}C$, $\frac{1}{2.3}.D$, etc., on négligeait

tous les termes en o^m, o^{m-1}, o^{m-2}, o^{m-3}, etc., en les comptant comme nuls, on trouverait précisément les coefficiens de l'ancienne série $p^m O_m$, savoir :

$$2^{m-1}; \quad m.2^{m-3}; \quad \frac{m.m-3}{2}.2^{m-5}; \quad \frac{m.m-4.m-5}{2.3}.2^{m-7}; \text{ etc.}$$

D'où l'on voit d'abord pourquoi cette ancienne série donne toujours pour $\cos mx$ des valeurs fausses : et en second lieu, pourquoi dans le cas de m entier elle donne une valeur exacte si l'on n'y prend que les termes qui contiennent des puissances positives de p; car cela revient à rejeter de la véritable expression tout ce qui s'y trouve alors exactement nul.

50. Par une analyse toute semblable à la précédente, on peut trouver le développement général de $\sin mx$ par les puissances descendantes de p. Car on a d'abord

$$\sin mx = q.p^{m-1}\left\{m - \frac{m.m-1.m-2}{2.3}.\frac{q^2}{p^2} + \frac{m.m-1.m-2.m-3.m-4}{2.3.4.5}.\frac{q^4}{p^4} - \text{etc.}\right\},$$

d'où l'on peut éliminer, comme plus haut, toutes les puissances paires de q. Or, si l'on représente le résultat ordonné par la série

$$\sin mx = q\left\{\overline{A}p^{m-1} - \overline{B}p^{m-3} + \frac{1}{2}\overline{C}p^{m-5} - \frac{1}{2.3}.\overline{D}p^{m-7} + \text{etc.}\right\},$$

et que l'on considère la fonction $\overline{Y} = \frac{(1+\sqrt{y})^m - (1-\sqrt{y})^m}{2\sqrt{y}}$, on aura $\overline{A}$, $\overline{B}$, $\overline{C}$, $\overline{D}$, etc. respectivement égaux aux fonctions successives $\overline{Y}$, $\frac{d\overline{Y}}{dy}$, $\frac{d^2\overline{Y}}{dy^2}$, $\frac{d^3\overline{Y}}{dy^3}$, etc. quand on y fait $y = 1$. Ce qui donne

$$\overline{A} = (\overline{Y}) = \frac{1}{2}(2^m - o^m),$$

$$\overline{B} = (\overline{Y}') = \frac{1}{2^2}\{m(2^{m-1} + o^{m-1}) - (2^m - o^m)\},$$

$$\overline{C} = (\overline{Y}'') = \frac{1}{2^3}\{m.m-1.(2^{m-2} - o^{m-2}) - 3m(2^{m-1} + o^{m-1}) + 3(2^m - o^m)\},$$

$$\overline{D} = (\overline{Y}''') = \text{etc.},$$

et l'on appliquera à cette formule de $\sin mx$ tout ce que j'ai dit de la première.

51. On pourrait ensuite compléter ces formules, comme dans le paragraphe précédent, afin de les rendre tout-à-fait générales, c'est-à-dire applicables à tous les différens arcs x qui peuvent répondre à un même cosinus donné p, positif ou négatif : d'où l'on verrait que la réunion des deux séries précédentes est nécessaire en général à l'expression complète des fonctions $\cos mx$ et $\sin mx$. etc., etc.

Mais en voilà beaucoup, et peut-être trop sur ce sujet, puisque ces séries illusoires, ou divergentes de leur nature, ne peuvent être appliquées aux sections angulaires.

52. Toutefois, il est nécessaire de confirmer ici ce que j'ai avancé plus haut sur la nature de la série $2p^m O_m$. J'ai dit que cette série n'était le développement de l'expression $(p+\sqrt{p^2-1})^m$, que dans le cas de $p>1$: c'est ce qu'il est facile de voir directement par l'analyse précédente; car on a

$$(p+\sqrt{p^2-1})^m = Ap^m - Bp^{m-2} + \tfrac{1}{2}Cp^{m-4} - \tfrac{1}{2.3}Dp^{m-6} + \text{etc.}$$
$$+\sqrt{p^2-1}\left\{\overline{A}p^{m-1} - \overline{B}p^{m-3} + \tfrac{1}{2}\overline{C}p^{m-5} - \text{etc.}\right\},$$

et, si l'on met, à la place du radical $\sqrt{p^2-1}$, ce développement

$$p - \frac{1}{2p} - \frac{1}{2^3p^3} - \frac{2}{2^5p^5} - \frac{5}{2^7.p^7} - \frac{2.7}{2^9.p^9} - \text{etc.},$$

qui suppose nécessairement $p>1$, on trouvera, en ordonnant toute la série par rapport aux puissances p^m, p^{m-2}, p^{m-4}, etc.,

$$p+\sqrt{p^2-1})^m = p^m(A+\overline{A}) - p^{m-2}(B+\overline{B}+\tfrac{1}{2}\overline{A})$$
$$+ p^{m-4}\left(\frac{C+\overline{C}}{2} + \frac{\overline{B}}{2} - \frac{1}{8}\overline{A}\right) - \text{etc.}$$

Or, par nos valeurs générales de A, B, C, etc. $\overline{A}$, $\overline{B}$, $\overline{C}$, on trouve, en effaçant ce qui se détruit,

$$(A+\overline{A}) = 2^m; \quad \left(B+\overline{B}+\tfrac{1}{2}\overline{A}\right) = m2^{m-2};$$
$$\left(\frac{C+\overline{C}+\overline{B}}{2} - \frac{1}{8}\overline{A}\right) = \frac{m.m-3}{2}.2^{m-4}; \text{ etc.},$$

et par conséquent, on a

$$(p+\sqrt{p^2-1})^m = (2p)^m - m(2p)^{m-2} + \frac{m.m-3}{2}(2p)^{m-4} - \text{etc.}$$
$$= 2.p^m O_m.$$

Ainsi, il n'y a aucun doute que cette série ne soit le développement exact de $(p+\sqrt{p^2-1})^m$, mais seulement dans le cas de $p>1$.

Il résulte de là que la double formule

$$\frac{(p+\sqrt{p^2-1})^m \pm (p-\sqrt{p^2-1})^m}{2} = p^m O_m \pm p^{-m} O_{-m}$$

ne convient point au cosinus ou sinus du multiple mx d'un angle x dont le cosinus est p et le sinus $\sqrt{1-p^2}$; mais bien à l'abscisse P et à l'ordonnée $\sqrt{P^2-1}$ d'un secteur hyperbolique $m\varphi$, multiple d'un secteur φ dont l'abscisse serait p, et l'ordonnée, $\sqrt{p^2-1}$.

En effet, en nommant ω le double de ce secteur φ, on a, comme on le sait, dans l'hyperbole équilatère, $\omega = l(p+\sqrt{p^2-1})$; d'où l'on tire $e^\omega = p+\sqrt{p^2-1}$, et partant, $e^{-\omega} = p-\sqrt{p^2-1}$. Ainsi l'abscisse p et l'ordonnée $\sqrt{p^2-1}$ répondantes au secteur φ, sont exprimées par $\frac{e^\omega+e^{-\omega}}{2}$ et $\frac{e^\omega-e^{-\omega}}{2}$. On aurait donc de même, pour l'abscisse P et l'ordonnée $\sqrt{P^2-1}$, qui répondraient au secteur $m\varphi$, les expressions

$$\frac{e^{m\omega}+e^{-m\omega}}{2} = P, \quad \text{et} \quad \frac{e^{m\omega}-e^{-m\omega}}{2} = \sqrt{P^2-1};$$

mais on a $e^{m\omega} = (p + \sqrt{p^2 - 1})^m$ et $e^{-m\omega} = (p - \sqrt{p^2 - 1})^m$; et par conséquent,

$$\frac{(p + \sqrt{p^2 - 1})^m + (p - \sqrt{p^2 - 1})^m}{2} = \mathrm{P},$$

$$\frac{(p + \sqrt{p^2 - 1})^m - (p - \sqrt{p^2 - 1})^m}{2} = \sqrt{\mathrm{P}^2 - 1}.$$

Ce qu'il fallait démontrer.

53. Il résulte de toute cette analyse que, dans le cercle, on ne peut développer l'abscisse ou l'ordonnée d'un secteur multiple que par les puissances *ascendantes* de l'abscisse $p < 1$, qui répond au secteur simple; et c'est ce qu'on a fait au commencement de ce Mémoire. Que, dans l'hyperbole, l'abscisse ou l'ordonnée d'un secteur multiple doit être développée par les puissances *descendantes* de l'abscisse $p > 1$, qui répond au secteur simple. Enfin, qu'il y a un cas où la même série convient à la fois au cercle et à l'hyperbole, selon qu'on y fait $p <$ ou > 1 : c'est celui de l'exposant ou multiple m égal à un nombre entier. Alors on a des séries terminées de même forme, et où l'on ne voit d'autre différence que l'ordre dans lequel les termes s'y trouvent écrits. Ainsi, quand m est un entier, la même formule peut servir à la multiplication des secteurs circulaires ou hyperboliques, ou, si l'on veut, des angles et des logarithmes. Mais si m est une fraction, il faut des séries différentes; l'une, pour le cercle, et qui procède par les puissances ascendantes, l'autre, pour l'hyperbole, et qui procède par les puissances descendantes de l'abscisse p qui répond au secteur simple que l'on considère.

V.

Développemens d'une puissance quelconque du cosinus ou sinus d'un arc, par les cosinus ou sinus d'arcs multiples.

54. Passons maintenant aux formules réciproques des précédentes, c'est-à-dire à celles où l'on développe les puissances du cosinus ou du sinus d'un arc en une suite de cosinus ou de sinus d'arcs multiples : transformation toujours possible, et qui est, comme on le sait, de la plus grande utilité pour l'intégration des fonctions circulaires.

Soit donc, en premier lieu, la fonction $y = \cos^m x$, qu'on se propose de développer en une série de cette forme :

$$y = A \cos nx + B \cos(n-1)x + C \cos(n-2)x + D \cos(n-3)x + \text{etc.},$$

où il s'agit de déterminer les coefficiens A, B, C, D, etc. ainsi que le nombre n.

En suivant encore ici l'analyse de M. de Lagrange, on tirera de l'équation proposée $y = \cos^m x$, l'équation différentielle ou la dérivée du premier ordre

$$my \sin x + y' \cos x = 0,$$

et y substituant, pour y et y', leurs valeurs tirées de la série précédente, on verra qu'on peut satisfaire entièrement à l'équation différentielle, en posant $n = m$, $B = 0$, $D = 0$, etc.,

et
$$C = m \cdot A,$$
$$E = \frac{m \cdot m-1}{2} \cdot A,$$
$$G = \frac{m \cdot m-1}{2 \cdot 3} \frac{m-2}{} \cdot A,$$
etc. ;

et que, par conséquent, on peut toujours supposer, quel que soit l'exposant m, l'équation

$$\cos^m x = A\left\{\cos mx + m\cos(m-2)x + \frac{m.m-1}{2}\cos(m-4)x + \text{etc.}\right\},$$

où le coefficient A est encore indéterminé et dépend de la nature de la fonction développée $\cos^m x$.

Pour déterminer la valeur de cette constante, M. de Lagrange suppose simplement $x=0$, et l'équation lui donne

$$1 = A\left\{1 + m + \frac{m.m-1}{2} + \frac{m.m-1.m-2}{2.3} + \text{etc.}\right\} = A\{1+1\}^m;$$

et par conséquent

$$A = \frac{1}{2^m};$$

d'où, en substituant, et multipliant par 2^m, il trouve

$$(2\cos x)^m = \cos mx + m\cos(m-2)x + \frac{m.m-1}{2}\cos(m-4)x + \text{etc.},$$

ce qui est la formule connue, qu'il regarde comme générale pour des valeurs quelconques de l'exposant m.

55. C'est, au reste, la même expression qu'Euler avait donnée dans le tome V des Nouveaux Commentaires de Pétersbourg, par une analyse encore plus simple, et qui n'étant fondée que sur la formule de Newton et celle de Moivre, toutes deux applicables à des exposans quelconques, ne paraît laisser aucun doute sur la généralité de l'expression dont il s'agit. Cependant, nous allons voir que cette formule est incomplète, et qu'elle présente le même défaut que j'ai déjà relevé dans les articles précédens.

Mais, avant de rectifier ce nouveau point de doctrine, je dois observer qu'on avait déjà trouvé un cas particulier où la formule est en défaut. C'est celui de $m=\frac{1}{3}$ et de $x=\varpi$, ϖ étant la demi-circonférence. Car, en ne considérant simplement que la valeur réelle du premier membre, la formule qui devrait nous donner $\sqrt[3]{2\cos\varpi} = -\sqrt[3]{2}$, donne la valeur fausse $\frac{1}{2}\sqrt[3]{2}$. (Voyez une Note insérée dans le second volume de la Correspondance sur l'École Polytechnique, page 212). Mais ce cas particulier, l'explication qu'on en donne, la formule imaginaire de $\cos^m x$ qu'on substitue à la précédente, et qui n'est autre chose que l'une ou l'autre des deux expressions que donne Euler, mais qu'il ajoute ensemble pour en faire disparaître le radical $\sqrt{-1}$, ne font voir ni le défaut précis de la démonstration d'Euler, ni surtout celui de l'analyse de M. de Lagrange; et cette remarque particulière n'a servi qu'à faire naître beaucoup d'autres objections et de nouvelles difficultés qu'on n'a point encore résolues. C'est ce qu'on peut voir dans le tome III du Calcul différentiel et intégral de M. Lacroix (2e édition, pag. 605...616), et c'est ce qu'on verra bien mieux encore par l'analyse suivante.

Examen de l'Analyse de Lagrange.

56. Considérons donc attentivement l'équation

$$(2\cos x)^m = \cos mx + m\cos(m-2)x + \frac{m.m-1}{2}\cos(m-4)x + \text{etc.} = P_x,$$

que l'on suppose vraie pour des valeurs quelconques de m.

D'abord, il est facile de reconnaître que, si m est une fraction irréductible $\frac{r}{n}$, les deux membres de la formule ne peuvent avoir actuellement la même généralité. Car le premier, qui devient $\sqrt[n]{(2\cos x)^r}$, a n valeurs différentes, parmi lesquelles il y en a au moins $n-2$ d'imaginaires. D'un autre côté, le second membre $\cos\frac{r}{n}x + \frac{r}{n}\cos\left(\frac{r}{n}-2\right)x + \text{etc.}$, présente bien aussi n valeurs, (qu'on obtiendrait en y mettant successivement, au lieu de x, les arcs x, $x+c$, $x+2c$, etc., $x+(n-1)c$, ce qui ne change rien au premier membre $\sqrt[n]{(2\cos x)^r}$; mais ces n valeurs du second membre sont toutes réelles. Ainsi, quoique les deux membres de l'équation présentent le même nombre de valeurs, il ne pourrait y en avoir que deux au plus qui fussent égales de part et d'autre; et il n'y en aurait même aucune dans le cas où, le dénominateur n étant un nombre pair, on aurait en même temps $\cos x$ négatif. La formule dont il s'agit est donc défectueuse en général, et l'imperfection tient encore ici, comme on va le voir, à la détermination incomplète de la constante A.

En effet, si, dans l'expression générale,

$$\cos^m x = A\left\{\cos mx + m\cos(m-2)x + \frac{m.\,m-1}{2}\cos(m-4)x + \text{etc.}\right\},$$

on fait $x=0$, il ne vient pas simplement, comme on le suppose, $1 = A\{1+1\}^m$, d'où l'on tire $A=\frac{1}{2^m}$: mais il vient plus généralement $1^m = A \cos m0 \{1+1\}^m$, où il faut remarquer que le facteur $\cos m0$, dans le cas de $m=\frac{r}{n}$, n'a pas seulement la valeur 1; mais qu'il en a encore $n-1$ autres toutes réelles, qui sont $\cos\frac{r}{n}c$, $\cos\frac{r}{n}2c$, $\cos\frac{r}{n}3c$, etc., $\cos\frac{r}{n}(n-1)c$; c désignant la circonférence.

Ainsi on aurait, pour l'expression générale de la constante A déterminée par l'hypothèse particulière d'un arc $x=0$ dont le cosinus est positif,

$$A = \frac{(1)^m}{2^m \cos m0},$$

où le dénominateur $\cos m0$ a n valeurs réelles différentes, en ajoutant à l'arc 0 un multiple ec de la circonférence, depuis $e=0$ jusqu'à $e=n-1$.

Si, pour déterminer cette constante, au lieu de faire l'arc $x=0$, on supposait x égal à la demi-circonférence ϖ, dont le cosinus est négatif, on trouverait cette nouvelle expression

$$A = \frac{(-1)^m}{2^m \cos m\varpi},$$

dont les n valeurs ne reviennent aux premières que dans le cas où m serait une fraction de dénominateur impair. Mais, comme dans ce cas même, ces valeurs ne se présentent pas dans le même ordre, à mesure qu'on ajoute à l'arc 0, ou à l'arc ϖ, plusieurs fois la circonférence c, il faut, pour éviter toute erreur et toute difficulté, appliquer la première expression de A, au cas général de $\cos x$ positif, et la seconde au cas de $\cos x$ négatif. On a donc, pour l'expression générale de A,

$$A = \frac{(\pm 1)^m}{2^m \cos m(\text{arc} \cos = \pm 1)},$$

où l'on prendra le signe $\pm$ selon que l'arc x sera dans le premier, ou dans le second quart de la circonférence.

La formule complète du développement de la puissance quelconque m du cosinus d'un arc, par les cosinus des arcs multiples, est donc

$$\text{(L)} \ldots (2\cos x)^m = \frac{(\pm 1)^m}{\cos m(\text{arc} \cos = \pm 1} \left\{ \cos mx + m\cos(m-2)x + \text{etc.} \right\}$$

57. Actuellement, il faut voir comment cette formule générale répond à tous les cas de l'exposant m entier ou fractionnaire.

D'abord, si m est un nombre entier, positif ou négatif, le coefficient A qui multiplie la série, sera toujours égal à l'unité, et l'on aura la formule ordinaire, où les deux membres ne présentent qu'une seule et même valeur réelle. Ce cas n'offre pas la moindre difficulté.

Si m est une fraction irréductible $\frac{r}{n}$, le premier membre $(2\cos x)^{\frac{r}{n}}$ a n valeurs, qui sont l'une quelconque d'entre elles multipliée successivement par les n racines de l'unité. Le second membre nous offre aussi n racines de même nature, à raison du facteur $(\pm 1)^{\frac{r}{n}}$ dont il est affecté; et jusqu'ici, les deux membres de notre équation nous présentent le même nombre de valeurs semblables, mais cela, pour une seule valeur de la série $\{\cos mx + m\cos(m-2)x + \text{etc.}\}$. Or cette série ayant elle-même n valeurs différentes et toutes réelles, pour les différens arcs, x, $x+c$, $x+2c$, etc., $x+(n-1)c$ de même cosinus, il paraîtrait maintenant que le second membre de la formule générale a n fois plus de valeurs que le premier, ce qui ne doit pas être. Pour résoudre cette nouvelle difficulté, j'observe que si l'on ajoute à l'arc x qui entre dans la série, un multiple quelconque de la circonférence, il faut aussi ajouter en même temps à l'arc o ou ϖ, qui entre dans le dénominateur du coefficient A, le même multiple de la circonférence; et qu'ainsi les n valeurs réelles de la série répondent, chacune à chacune, aux n valeurs réelles de ce diviseur : de sorte que le quotient reste toujours le même, quelles que soient les deux valeurs conjuguées qu'on emploie, et que le second membre enfin présente exactement les mêmes valeurs que le premier, et n'en a précisément que le même nombre.

58. Telle est, je crois, la solution exacte de cette question qui avait embarrassé les géomètres : question délicate où l'erreur commise et la difficulté de la redresser tiennent également à l'oubli de cette équivoque, attachée aux fonctions circulaires aussi bien qu'aux radicaux, et qui en est toujours inséparable. Mais il est bon d'éclaircir et de confirmer encore la formule précédente par quelques applications.

Exemples.

Considérons en premier lieu le cas de $m=\frac{1}{3}$, et de $x=\varpi$, qu'on a rapporté plus haut, et où la formule ordinaire a paru fautive.

Comme l'arc ϖ que l'on considère est de cosinus négatif, il faut prendre dans la formule générale le coefficient A égal à $\frac{(-1)^m}{\cos m\varpi}$. Or, en faisant $m=\frac{1}{3}$ et $x=\varpi$, cette formule (L) donne

$$\sqrt[3]{2\cos\varpi} = \frac{\sqrt[3]{-1}}{\cos\frac{1}{3}\varpi}\left\{\cos\tfrac{1}{3}\varpi(1+1)^{\frac{1}{3}}\right\} = \sqrt[3]{-1}\,.\,\sqrt[3]{2} = \sqrt[3]{-2},$$

comme cela doit être.

Si, au lieu de l'arc simple x, on mettait ce même arc augmenté d'une ou de deux circonférences, il faudrait augmenter aussi du même nombre de circonférences l'arc ϖ qui entre dans le diviseur $\cos\frac{1}{3}\varpi$; et la formule nous présenterait encore la même valeur exacte $\sqrt[3]{-2}$.

59. Dans cet exemple de $m=\frac{1}{3}$, si l'on ajoute à l'arc une seule fois la circonférence, le coefficient $A=\frac{\sqrt[3]{-1}}{\cos\frac{1}{3}(\varpi+c)}$ (en ne considérant que sa valeur réelle) devient simplement égal à l'unité : d'où l'on voit, en passant, pourquoi la formule ordinaire, qui est fautive pour l'arc $x=\varpi$, ne l'est plus en faisant $x=\varpi+c$.

En général, pour le cas d'un arc x de cosinus négatif, et d'un exposant m égal à une fraction quelconque de dénominateur n impair, il est aisé de voir que la formule ordinaire donnera une valeur exacte, si l'on y met, au lieu de l'arc simple x, l'arc $x+\frac{n-1}{2}.c$: et c'est ce qui sera confirmé de nouveau quand nous rectifierons l'analyse d'Euler.

60. Mais si, $\cos x$ étant toujours négatif, m est une fraction de

dénominateur pair, il n'y a aucun arc $x + ec$ pour lequel la formule ordinaire puisse devenir exacte ; comme cela est d'ailleurs assez évident de soi-même. Dans le cas dont il s'agit, toutes les valeurs de $(2\cos x)^m$ sont imaginaires, et la formule ordinaire ne peut répondre à aucune d'elles ; mais notre formule générale (L) les représente toujours avec la même précision et la même exactitude.

Soit, par exemple, $m = \frac{1}{2n}$ et $x = \varpi$, et l'on trouvera

$$\sqrt[2n]{2\cos\varpi} = \frac{\sqrt[2n]{-1}}{\cos\frac{1}{2n}\varpi}\left\{\cos\frac{1}{2n}\varpi(1+1)^{\frac{1}{2n}}\right\} = \sqrt[2n]{-2},$$

comme cela doit être.

61. Considérons maintenant le cas d'un arc $x = \frac{\varpi}{4} = \omega$. On aura $\cos\omega = \sin\omega = \frac{1}{\sqrt{2}}$; et la valeur de la fonction $(2\cos x)^m$ sera ici $(2\cos\omega)^m = (\sqrt{2})^m$. Ainsi la formule générale doit nous donner $(\sqrt{2})^m$.

Or, en y substituant, au lieu de x, l'angle ω, et réduisant, cette formule donne

$$\frac{(1)^m}{\cos m.o}\left\{\cos m\omega\left(1 - \frac{m.m-1}{2} + \frac{m.m-1.m-2.m-3}{2.3.4} - \text{etc.}\right)\right.$$
$$\left. + \sin m\omega\left(m - \frac{m.m-1.m-2}{2.3} + \frac{m.m-1\ldots m-4}{2.3.4.5} - \text{etc.}\right)\right\};$$

mais il est aisé de voir que la suite, qui multiplie $\cos m\omega$, n'est autre chose que la valeur réelle du développement de

$$\frac{(1+\sqrt{-1})^m + (1-\sqrt{-1})^m}{2},$$

et que l'autre suite, qui multiplie $\sin m\omega$, est la valeur réelle du développement de

$$\frac{(1+\sqrt{-1})^m - (1-\sqrt{-1})^m}{2\sqrt{-1}}.$$

D'un autre côté, il est clair qu'on a

$$(1 \pm \sqrt{-1})^m = (\sqrt{2})^m (\cos m\omega \pm \sqrt{-1} \sin m\omega):$$

les valeurs arithmétiques des deux suites qui multiplient $\cos m\omega$ et $\sin m\omega$ sont donc

$$(\sqrt{2})^m \cos m\omega, \quad (\sqrt{2})^m \sin m\omega.$$

Substituant ces valeurs dans la formule générale, on trouve qu'elle se réduit à

$$\frac{(1)^m}{\cos m.0} \{\cos m(\omega - \omega)\} (\sqrt{2})^m = (1)^m (\sqrt{2})^m,$$

qui est la vraie valeur de $(2\cos\omega)^m$.

62. Soit encore, pour exemple, $x = \frac{3}{4}\varpi = 3\omega = \varphi$; ce qui donne $\cos\varphi = -\frac{1}{\sqrt{2}}$ et $\sin\varphi = \frac{1}{\sqrt{2}}$.

A cause de $\cos\varphi$ négatif, il faut prendre, pour le coefficient de la formule, $A = \frac{(-1)^m}{\cos m\varpi}$; et, par un calcul tout semblable au précédent, on trouvera qu'elle se réduit à

$$(2\cos\varphi)^m = \frac{(-1)^m}{\cos m\varpi} \{\cos m\varphi \cos m\omega - \sin m\varphi \sin m\omega\} (\sqrt{2})^m,$$

ou bien à

$$(2\cos\varphi)^m = \frac{(-1)^m}{\cos m\varpi} \{\cos m(\varphi + \omega\} \sqrt{2})^m,$$

dont le second membre, à cause de $\varphi + \omega = \varpi$, revient à $(-1)^m (\sqrt{2})^m$, ce qui est précisément la valeur de $(2\cos\varphi)^m$.

J'ai été bien aise d'ajouter ces deux derniers exemples, non-seulement comme des applications particulières de notre formule, mais encore comme un moyen de vérifier la détermination que j'ai faite plus haut de la constante A. Car on voit ici que, si l'on avait déterminé cette constante par le cas particulier de $x = \frac{\varpi}{4}$, dont le cosinus est positif, on l'eût trouvée la même que par le cas de $x = 0$; et qu'en faisant $x = \frac{3}{4}\varpi$, de cosinus négatif, on la trouverait aussi là même que par la supposition de $x = \varpi$; comme cela doit être.

63. On peut multiplier ces exemples; le lecteur y suppléera. Mais je dois faire ici une remarque importante sur le point précis d'inexactitude qu'on pouvait reprocher à la formule ordinaire. Cette formule, comme on voit, ne diffère de la nôtre que par un coefficient qu'on avait fait simplement égal à l'unité, tandis qu'il est en général

$$\frac{(+1)^m}{\cos m.0}, \quad \text{ou} \quad \frac{(-1)^m}{\cos m\varpi},$$

selon que l'arc proposé x est dans le premier, ou dans le second quart de la circonférence.

Or, parmi les différentes valeurs de $\frac{1^m}{\cos m.0}$, il y en a toujours une qui est égale à l'unité, quel que soit l'exposant m. Donc, si l'on ne considère que des angles x plus petits qu'un angle droit, et si l'on n'a en vue que la seule valeur réelle et positive qu'aura toujours le premier membre $(2\cos x)^m$, on peut dire que la formule ordinaire est parfaitement exacte.

En second lieu, parmi les valeurs de $\frac{(-1)^m}{\cos m\varpi}$, il y en a toujours une qui est égale à l'unité, pourvu que m ne soit pas une fraction de dénominateur pair. Donc, pour un arc x de cosinus négatif, et pour m égal à une fraction quelconque $\frac{r}{n}$ de dénominateur impair, si l'on n'a en vue que la valeur réelle qu'aura le premier membre $(2\cos x)^m$, on peut dire que la formule ordinaire est encore exacte, pourvu qu'on y mette, au lieu de x, l'arc de même cosinus, qui convient précisément à cette formule, et qui est précisément l'arc $x + \frac{n-1}{2}c$.

Reste donc le seul cas de $\cos x$ négatif, en même temps que m fraction de dénominateur pair : alors toutes les valeurs du premier membre $(2\cos x)^m$ sont imaginaires, et la formule ordinaire est entièrement fautive. Mais on peut supposer que Lagrange et Euler avaient tacitement écarté la considération de ce cas où $(2\cos x)^m$ n'a point de valeur réelle, ce qui fait tomber le reproche d'inexactitude qu'on pourrait faire à l'analyse de ces grands géomètres. Quoi qu'il en soit, la formule connue n'est fausse que dans le seul cas que je viens de signaler : dans tous les autres, elle n'est qu'incomplète, car elle est vraie pour un des différens arcs x, $x+c$, $x+2c$, etc., et elle présente exactement la valeur réelle du premier membre $(2\cos x)^m$.

Examen de l'Analyse d'Euler.

64. Mais, pour ne rien laisser à désirer sur ce point, il convient aussi d'examiner et de rectifier l'analyse d'Euler, qui le premier a donné la formule dont il s'agit. Voici sa démonstration, qui est extrêmement simple ; Euler pose

$$\cos x + \sqrt{-1}\sin x = u,$$

et

$$\cos x - \sqrt{-1}\sin x = v;$$

d'où il tire $2\cos x = u+v$, et $(2\cos x)^m = (u+v)^m$; savoir, en développant par le binome de Newton, et observant qu'on a toujours $uv = 1$, $u^2v^2 = 1$, etc.,

$$(2\cos x)^m = u^m + mu^{m-2} + \frac{m.m-1}{2}u^{m-4} + \text{etc.};$$

mais le théorème de Moivre donne

$$u^m = \cos mx + \sqrt{-1}\sin mx,$$
$$u^{m-2} = \cos(m-2)x + \sqrt{-1}\sin(m-2)x, \text{ etc.}$$

Substituant ces expressions de u^m, u^{m-2}, etc., on trouve

$$(\cos x)^m = \left\{\cos mx + m\cos(m-2)x + \frac{m.m-1}{2}\cos(m-4)x + \text{etc.}\right\}$$
$$+ \sqrt{-1}\left\{\sin mx + m\sin(m-2)x + \frac{m.m-1}{2}\sin(m-4)x + \text{etc.}\right\}.$$

Ainsi, désignant, pour abréger, la première série par P_x, et la seconde par Q_x, on a cette expression générale

$$(2\cos x)^m = P_x + \sqrt{-1}\,.\,Q_x.$$

Maintenant, Euler suppose qu'on change u en v, ce qui paraît bien permis dans l'équation $(2\cos x)^m = (u+v)^m$, et il trouve exactement par le même calcul cette seconde expression générale

$$(2\cos x)^m = P_x - \sqrt{-1}\,.\,Q_x;$$

d'où, en ajoutant ces deux expressions et divisant par 2, il conclut simplement la formule

$$(2\cos x)^m = P_x = \cos mx + m\cos(m-2)x + \text{etc.},$$

qui paraît devoir être vraie pour un exposant quelconque m, tant qu'on la borne à n'exprimer que la valeur réelle du premier membre $(2\cos x)^m$, lorsque ce premier membre en a une.

Cependant, si l'on y fait $x = \varpi$ et $m = \frac{1}{3}$, cette formule, comme l'a remarqué l'auteur de la note citée (n° 55), donne un résultat inexact : il doit donc y avoir dans l'analyse et dans la formule d'Euler quelque défaut caché qu'il faut découvrir.

65. Ce défaut ne vient point, comme on l'a cru, de ce qu'Euler égale entre elles les deux expressions $P_x + \sqrt{-1}.Q_x$ et $P_x - \sqrt{-1}\,Q_x$, qui généralement répondent à deux racines différentes de $(2\cos x)^m$: car, puisqu'on n'a ici en vue que la valeur réelle de $(2\cos x)^m$, il est bien évident que, dans l'une et l'autre expression,

$$P_x \pm \sqrt{-1}\,.\,Q_x,$$

on regarde naturellement comme nulle la partie imaginaire $\sqrt{-1}\,.\,Q_x$; auquel cas on doit avoir en effet, comme Euler le trouve,

$$(2\cos x)^m = P_x.$$

Ainsi l'objection précédente ne peut être ici proposée; et elle ne donne d'ailleurs aucune lumière sur le défaut précis de la formule dont il s'agit, ni sur sa véritable étendue. Aussi l'auteur de la note citée se borne-t-il à conclure « que la formule d'Euler ne convient » en général qu'à un exposant entier ; et qu'en exceptant *les cas* » *particuliers* où la valeur de x rend nul le coefficient Q_x de $\sqrt{-1}$, » elle induira en erreur sur la vraie valeur de $(2\cos x)^m$ » : conclusion qui n'apprend rien, tant qu'on ignore ces cas particuliers où la série Q_x devient nulle, et qui, d'un autre côté, est inadmissible, dès qu'on vient à les découvrir. Et en effet, on a déjà pu voir, et je vais prouver encore que cette série Q_x est toujours nulle d'elle-même pour un exposant m quelconque, et pour un angle quelconque x depuis o jusqu'à l'angle droit pris en plus et en moins ; ce qui comprend toutes les inclinaisons possibles, et ce qu'on ne peut certainement regarder comme des *cas particuliers à excepter*. La formule d'Euler convient donc à tout exposant m, tant que le cosinus de l'arc x n'est pas négatif. Mais ce n'est pas même cette limitation, uniquement relative à l'arc, et point du tout à l'exposant, qui pourrait autoriser à dire que la formule ne convient en général qu'à un exposant m entier ; car celle du binome de Newton, telle qu'on la présente ordinairement,

$$(1+x)^m = 1 + mx + \frac{m.m-1}{2}x^2 + \frac{m.m-1.m-2}{2\,.\,3}x^3 + \text{etc.},$$

et qu'on regarde avec raison comme applicable à un exposant fractionnaire, se trouve pourtant limitée d'une manière semblable. Et en effet, pour affirmer qu'elle convient à un exposant quelconque, il faut nécessairement supposer que x est compris entre -1 et l'infini ; sans quoi la formule sera en défaut pour tous les exposans de dénominateur pair : et, si l'on veut que la série soit toujours convergente (ce qui est nécessaire à son exactitude), il faut même que x soit compris entre 1 et -1.

On voit donc que ce point de doctrine n'avait pas encore été approfondi, et que la difficulté qui nous occupe demeure en son entier.

66. Pour la résoudre de la manière la plus claire et la plus précise, je considère en premier lieu le cas général où $\cos x$ est positif, et je désigne par X la valeur réelle et positive qu'aura toujours $(2\cos x)^m$, quel que soit l'exposant m. On aura ainsi, pour l'expression générale de toutes les valeurs réelles et imaginaires de $(2\cos x)^m$, l'expression $X.(1)^m$, ou bien

$$X(\cos me'c + \sqrt{-1}\sin me'c),$$

c étant la circonférence, et le nombre e' un entier indéterminé depuis 0 jusqu'à $n-1$, si n est le dénominateur de l'exposant $m = \frac{r}{n}$.

D'un autre côté, on a, suivant l'analyse d'Euler, et pour toutes les valeurs de $(2\cos x)^m$, l'expression générale

$$P_{x+ec} + \sqrt{-1}\,Q_{x+ec},$$

en prenant aussi l'entier e depuis 0 jusqu'à $n-1$.

Donc, si e et e' sont deux entiers tels que les deux expressions répondent actuellement à une même valeur de $(2\cos x)^m$, on aura l'équation exacte

$$X\cos me'c + \sqrt{-1}.X\sin me'c = P_{x+ec} + \sqrt{-1}.Q_{x+ec},$$

où il reste à voir quels sont ces deux entiers e et e' qui doivent aller ensemble, pour que les deux membres s'accordent à donner en même temps une même valeur de part et d'autre.

Dans cette vue, j'imagine que l'arc x diminue jusqu'à l'arc 0, dont le cosinus 1 est positif comme celui de l'arc x que l'on considère. Il est évident que X devient alors la valeur réelle et positive de 2^m, et que les séries P_{x+ec} et Q_{x+ec} deviennent en même temps

$$P_{ec} = \cos mec\left\{1 + m + \frac{m.m-1}{2} + \text{etc.}\right\},$$

$$Q_{ec} = \sin mec\left\{1 + m + \frac{m.m-1}{2} + \text{etc.}\right\}.$$

Mais la série arithmétique $\left\{1 + m + \frac{m.m-1}{2} + \text{etc.}\right\}$ est aussi la valeur réelle et positive de 2^m. Donc, quand x devient égal à zéro, l'équation précédente devient, en divisant de part et d'autre par cette même valeur actuelle de 2^m,

$$\cos me'c + \sqrt{-1}\sin me'c = \cos mec + \sqrt{-1}\sin mec;$$

d'où je conclus que la valeur de e' doit être actuellement la même que celle de e, et qu'ainsi on a l'équation précise

$$X\cos mec + \sqrt{-1}\, X\sin mec = P_{x+ec} + \sqrt{-1}\, Q_{x+ec},$$

où le nombre e est un entier quelconque depuis 0 jusqu'à $n-1$.

Actuellement, comme dans cette équation les parties réelles et les parties imaginaires sont en évidence et nettement séparées, on aura, en égalant la partie réelle à la partie réelle, et l'imaginaire à l'imaginaire, les deux équations exactes $X\cos mec = P_{x+ec}$, et $X\sin mec = Q_{x+ec}$; d'où l'on tire

$$X = \frac{1}{\cos mec}.P_{x+ec}, \quad \text{et} \quad X = \frac{1}{\sin mec}.Q_{x+ec};$$

qui ont lieu quel que soit l'entier e.

67. De cette double expression de X, concluons, en passant, que la valeur réelle et positive de $(2\cos x)^m$ peut s'exprimer indiféremment par la série des cosinus multiples, ou par la série semblable des sinus multiples; qu'il n'y a de différence que dans les constantes $\frac{1}{\cos mec}$ et $\frac{1}{\sin mec}$ qui les multiplient, et que ces constantes dépendent l'une de l'autre; ce qui donne la solution d'une difficulté de

calcul intégral, que M. Lacroix avait remarquée à ce sujet dans son ouvrage.

On peut voir encore qu'il y a toujours, entre les deux séries P_{x+ec} et Q_{x+ec}, cette relation

$$\frac{P_{x+ec}}{Q_{x+ec}} = \frac{\cos mec}{\sin mec};$$

de sorte que ces deux séries sont toujours dans le même rapport, quel que soit l'angle x que l'on considère, depuis o jusqu'à $\pm$ l'angle droit : ce qui est une propriété très remarquable de ces deux séries.

68. Mais, pour suivre notre objet, je reprends les expressions précédentes de X, où le nombre e est un entier quelconque, et j'y fais simplement $e = 0$. La première alors (à cause de $\cos m.o = 1$), nous donne simplement $X = P_x$; ce qui est la formule d'Euler. Ainsi cette formule est parfaitement exacte et générale pour un exposant quelconque m, en ne considérant que la valeur réelle et positive de $(2\cos x)^m$, comme nous l'avions déjà démontré.

La seconde expression (à cause de $\sin m.o = 0$), nous donnerait $Q_x = 0$, et par conséquent $X = \frac{0}{0}$. D'où l'on voit que cette seconde expression, quand on fait $e = 0$, ne pourrait rien apprendre pour la valeur de X; mais elle fait voir que la série Q_x a cette propriété singulière de rester toujours nulle, quel que soit l'angle x depuis o jusqu'à $\pm d$, d étant l'angle droit : ce qui vérifie l'analyse d'Euler entre les deux limites dont il s'agit (*).

(*) La fonction $Q_x = \sin mx + m \sin (m-2)x +$ etc. étant toujours nulle pour une valeur quelconque de x depuis o jusqu'à $\pm d$, on peut la différencier ou l'intégrer autant de fois qu'on voudra, entre ces mêmes limites de x, ce qui donnera une infinité d'équations identiques du même genre que la proposée.

Si, par exemple, on suppose le cas de $m = -1$, et qu'on intègre, on trouvera l'équation

69. Passons actuellement au second cas général d'un arc x de cosinus négatif.

En désignant toujours par X la valeur réelle et positive qu'aurait l'expression $(2\cos x)^m$ en y regardant la quantité $\cos x$ prise d'une manière absolue, on aurait ici, pour toutes les valeurs de $(2\cos x)^m$ l'expression générale $X.(-1)^m$, ou bien

$$X[\cos m(\varpi + e'c) + \sqrt{-1} . \sin m(\varpi + e'c)],$$

ϖ étant la demi-circonférence, et le nombre e' un entier quelconque depuis o jusqu'à $n-1$.

$$o = -\frac{d}{2} + \cos x - \frac{1}{3}\cos 3x + \frac{1}{5}\cos x - \frac{1}{7}\cos 7x + \text{etc.},$$

que M. Fourier a trouvée, et démontrée de plusieurs manières, dans sa *Théorie de la Chaleur.*

Si l'on intègre de nouveau, on aura l'équation

$$o = -\frac{d}{2}x + \sin x - \frac{1}{3^2}\sin 3x + \frac{1}{5^2} . \sin 5x - \text{etc.},$$

qui a été donnée par Euler.

etc., etc.

Quant à la nature de ces fonctions, qui sont nulles pour toutes les valeurs de la variable dans un intervalle donné, elle n'a rien qui choque les principes ordinaires de l'analyse; car on peut voir ces fonctions égalées à zéro, comme des équations qui ont une infinité de racines en progression arithmétique dont la raison est infiniment petite. Ces fonctions ne peuvent être actuellement développées par les puissances de la variable x, parce que les coefficiens seraient nuls, ou infinis; mais elles peuvent être développées par une suite infinie de sinus ou cosinus de multiples de x, parce que chaque terme de cette suite renferme implicitement l'infinité des différentes puissances de x, et qu'alors chaque coefficient peut très bien être une quantité finie et déterminée.

C'est en effet ce qui arrive, et ce qui montre comment il peut y avoir de ces espèces de fonctions qui répondent à des lignes quelconques discontinues. Mais il faut voir les principes de cette analyse neuve et importante dans le bel ouvrage que je viens de citer.

D'un autre côté, on a toujours, pour l'expression générale des mêmes valeurs,

$$P_{x+ec} + \sqrt{-1} \cdot Q_{x+ec},$$

en prenant aussi l'entier e depuis o jusqu'à $n-1$.

Donc, si les deux entiers e et e' sont tels que les deux expressions précédentes répondent actuellement à une même racine quelconque de $(2\cos x)^m$, on aura l'équation précise

$$X \cos m(\varpi + e'c) + \sqrt{-1} \cdot X \sin m(\varpi + e'c) = P_{x+ec} + \sqrt{-1} \cdot Q_{x+ec},$$

où il reste à voir quels sont ces entiers e et e' qui doivent aller ensemble pour la correspondance parfaite des deux membres de cette égalité.

Pour cela, j'imagine que l'arc x, de cosinus négatif, devienne égal à ϖ, dont le cosinus -1 est aussi négatif. Il est clair que X devient alors la valeur réelle et positive de 2^m, et qu'en même temps

$$P_{x+ec} \text{ devient } P_{\varpi+ec} = \cos m(\varpi + ec)\left\{1 + m + \frac{m.\overline{m-1}}{2} + \text{etc.}\right\},$$

et

$$Q_{x+ec} \text{ devient } Q_{\varpi+ec} = \sin m(\varpi + ec)\left\{1 + m + \frac{m.\overline{m-1}}{2} + \text{etc.}\right\};$$

mais la suite arithmétique $\left\{1 + m + \frac{m.\overline{m-1}}{2} + \text{etc.}\right\}$ marque aussi la valeur réelle et positive de 2^m. Donc l'équation précédente, en divisant par cette même valeur actuelle de 2^m, devient

$$\cos m(\varpi + e'c) + \sqrt{-1} \sin m(\varpi + e'c)$$
$$= \cos m(\varpi + ec) + \sqrt{-1} \sin m(\varpi + ec);$$

d'où il faut conclure, pour l'accord des deux membres, que e et e' sont nécessairement le même entier, et qu'on a l'équation précise

$$X \cos m(\varpi + ec) + \sqrt{-1} \cdot X \sin m(\varpi + ec) = P_{x+ec} + \sqrt{-1} \cdot Q_{x+ec}.$$

On a donc, en égalant la partie réelle à la partie réelle, et la partie imaginaire à l'imaginaire, les équations exactes

$$X = \frac{1}{\cos m(\varpi + ec)} \cdot P_{x+ec}, \quad \text{et} \quad X = \frac{1}{\sin m(\varpi + ec)} \cdot Q_{x+ec},$$

où l'on peut prendre, pour e, un quelconque des entiers depuis o jusqu'à $n-1$.

70. Si l'on fait simplement $e=0$, il vient

$$X = \frac{1}{\cos m\varpi} \cdot P_x, \quad \text{et} \quad X = \frac{1}{\sin m\varpi} \cdot Q_x.$$

La première équation nous fait voir que la série ordinaire P_x, pour convenir à l'expression de la valeur réelle de $(2\cos x)^m$ dans le cas d'un arc x de cosinus négatif, doit être divisée par le facteur $\cos m\varpi$, qui n'est plus ici égal à l'unité.

La seconde équation montre que la série Q_x est également propre à représenter cette valeur, en la divisant par le facteur $\sin m\varpi$, qui n'est point nul; d'où il résulte que la série Q_x n'est plus égale à zéro pour aucun arc x de cosinus négatif, et qu'ainsi l'analyse d'Euler est fautive dans le cas général dont il s'agit.

71. Mais si la série Q_x n'est plus ici nulle pour l'arc simple x, il est possible qu'elle le devienne pour cet arc augmenté d'un certain nombre e de circonférences, auquel cas la valeur réelle de $(2\cos x)^m$ s'exprimerait encore par la série ordinaire P_x, pourvu qu'on y mît, au lieu de x, l'arc $x+ec$ qui a le même cosinus.

Or, pour découvrir ce multiple inconnu e, il est clair qu'il faut chercher celui qui rendrait $\sin m(\varpi + ec) = 0$, et par conséquent $\cos m(\varpi + ec) = \pm 1$.

Dans le premier cas de $\cos m(\varpi + ec) = +1$, il faut que l'angle $m(\varpi + ec)$ ou $\frac{r}{n}(\varpi + ec)$ devienne un multiple entier E de 2ϖ. On a donc l'équation $r(1+2e) = 2nE$, d'où il résulte d'abord que r doit être un nombre pair, et par conséquent n un impair; et comme r est premier à n, par hypothèse, il faut que E soit divisible par r, d'où il résulte $1+2e=n\mathrm{E}'$, et par conséquent

$$e=\frac{n-1}{2},$$

seule valeur entière, au-dessous de $n-1$, qui puisse satisfaire à la condition proposée.

On voit donc que, pour un exposant m égal à une fraction quelconque de dénominateur n impair et de numérateur pair, on a simplement

$$\mathrm{X}=\mathrm{P}_{x+\frac{n-1}{2}c} \quad \text{et} \quad \mathrm{Q}_{x+\frac{n-1}{2}c}=0,$$

c'est-à-dire que la série ordinaire P_x convient encore, si l'on y met, au lieu de x, l'arc $x+\frac{n-1}{2}c$; et que la série Q_x est toujours nulle pour ce même arc.

Dans le second cas, pour qu'on ait $\cos m(\varpi+ec)=-1$, on trouve, par une analyse semblable, que r et n doivent être tous deux impairs, et que le nombre cherché e est encore $\frac{n-1}{2}$; il vient donc, dans ce second cas,

$$-\mathrm{X}=\mathrm{P}_{x+\frac{n-1}{2}c} \quad \text{et} \quad \mathrm{Q}_{x+\frac{n-1}{2}c}=0.$$

Mais, r et n étant tous deux impairs, $-\mathrm{X}$ est précisément la valeur réelle de $(2\cos x)^m$. Donc la formule ordinaire est encore bonne, pourvu qu'on y mette l'arc $x+\frac{n-1}{2}c$ (*).

72. Mais si m est une fraction de dénominateur pair, il n'y a aucun arc $\varpi+ec$ qui puisse rendre $\cos m(\varpi+ec)=\pm 1$, et par

(*) Je dois observer ici que M. *Crelle*, de Berlin, était parvenu de son côté au même résultat : c'est ce qu'on peut voir par la note qu'il a donnée à ce sujet dans le n° VII du tome XIII des Annales math. de M. *Gergonne*, mais dont je n'ai eu connaissance que depuis la lecture de ce Mémoire.

conséquent aucun arc $x+ec$ pour lequel la série P_x puisse devenir égale au module réel de $(2\cos x)^m$; il faut alors recourir à l'une ou à l'autre des deux expressions générales

$$X = \frac{1}{\cos m(\varpi + ec)} \cdot P_{x+ec}, \quad \text{ou} \quad X = \frac{1}{\sin m(\varpi + ec)} \cdot Q_{x+ec},$$

où l'on peut prendre le nombre entier e à volonté.

73. Par cette double expression générale de X, on voit encore que, dans le cas de $\cos x$ négatif, le module réel et positif de $(2\cos x)^m$ peut s'exprimer indifféremment par la série des cosinus multiples de x, ou par la série semblable des sinus multiples. Qu'il n'y a de différence que dans les constantes qui les multiplient, et que ces deux séries P_{x+ec}, Q_{x+ec} sont toujours entre elles dans le rapport constant de $\cos m(\varpi + ec)$ à $\sin m(\varpi + ec)$, quel que soit l'arc x que l'on considère depuis d jusqu'à $3d$.

74. Ce cas de $\cos x$ négatif présente donc, *mutatis mutandis*, des propriétés toutes semblables au cas de $\cos x$ positif. Or, si l'on veut les envelopper tous deux dans une même expression, on n'a qu'à considérer le carré X^2 du module réel et positif de l'expression $(2\cos x)^m$, et l'on trouvera l'équation

$$X^2 = P_x^2 + Q_x^2,$$

qui est à la fois applicable à tous les exposans et à tous les arcs possibles.

75. Si l'on veut encore rapprocher l'analyse précédente de celle qu'on a suivie d'abord, et revenir ainsi à notre première formule générale (L) (nº 56), il suffit de remarquer qu'on a trouvé plus haut, pour le cas de $\cos x$ positif, $X = P_x$; et tout à l'heure, pour le cas de $\cos x$ négatif, $X = \frac{1}{\cos m\varpi} \cdot P_x$: on a donc, pour l'expression générale de $X(\pm 1)^m$ ou de $(2\cos x)^m$, la formule

$$(2\cos x)^m = \frac{(\pm 1)^m}{\cos m(\text{arc}\cos = \pm 1)} \cdot P_x,$$

qui est la même qu'on avait déjà obtenue, et qui confirme ainsi notre première analyse.

76. Quant au développement d'une puissance quelconque m du sinus, on peut trouver sur-le-champ une formule générale, en faisant simplement dans la précédente l'arc x égal à $d-x$, d étant toujours l'angle droit; et il vient l'expression

$$(2\sin x)^m = \frac{(\pm 1)^m}{\cos m(\text{arc}\cos = \pm 1)} \cdot P_{d-x}.$$

77. Au reste, on peut chercher directement l'expression de $(2\sin x)^m$, comme on a cherché celle de $(2\cos x)^m$; et si l'on désigne par $\overline{P}_x$ la série $\left\{\cos mx - m\cos(m-2)x + \frac{m.m-1}{2}\cos(m-4)x - \text{etc.}\right\}$, on trouvera par une analyse toute semblable

$$(2\sin x)^m = \frac{(\pm 1)^m}{\cos m(\text{arc}\sin = \pm 1)} \cdot \overline{P}_x,$$

le signe $+$ ou le signe $-$ ayant lieu selon que l'arc x sera dans la première, ou dans la seconde moitié de la circonférence.

On aura encore l'expression générale

$$(2\sin x)^m = \frac{(\pm 1)^m}{\sin m(\text{arc}\sin = \pm 1)} \cdot \overline{Q}_x,$$

en désignant par $\overline{Q}_x$ une série semblable en sinus multiples.

78. On trouverait aussi, en nommant Y le module réel et positif de $(2\sin x)^m$, l'équation

$$Y^2 = \overline{P}_x^2 + \overline{Q}_x^2,$$

qui est toujours vraie, quel que soit l'arc que l'on considère.

On verrait de même que le rapport des deux séries $\overline{P}_x$ et $\overline{Q}_x$ est constant, et toujours le même que celui de $\cos md$ à $\pm \sin md$, quel que soit x, depuis o jusqu'à $\pm \varpi$.

On trouverait aussi les différens cas où les séries $\overline{P}_{x\pm ic}$ et $\overline{Q}_{x\pm ic}$ deviennent nulles tour à tour, pour toutes les valeurs de x dans les mêmes limites, etc. etc.

79. Mais nous n'irons pas plus loin dans l'explication de ces difficultés analytiques. Ce que j'ai dit ici (et ailleurs, dans plusieurs Mémoires d'Analyse et de Géométrie) suffit pour corriger les imperfections du même genre qu'on peut rencontrer en Algèbre. Elles tiennent presque toutes, comme je l'ai déjà remarqué, à ce qu'on n'y procède le plus souvent que par la synthèse, et qu'on ne voit qu'une seule des valeurs de la fonction dont on s'occupe, tandis que cette fonction en a souvent plusieurs inséparables, et qui doivent toutes concourir à l'exactitude et à la perfection de la formule générale. De cette vue trop particulière de l'esprit, vient entre autres ce défaut de calcul que j'ai relevé plusieurs fois dans les équations mêlées d'imaginaires, et qui est de n'y pas distinguer avec précision les parties réelles des imaginaires; ce qui mène, comme on l'a vu, à des comparaisons ou équations inexactes. Mais je laisse au lecteur le soin d'étendre ces remarques nouvelles, et de les appliquer aux autres formules générales de la Trigonométrie, à celle du binome de Newton, des exponentielles, de l'arc par le sinus, etc., et d'y rétablir l'expression des constantes multiples qui devraient s'y trouver, pour que les deux membres de la formule fussent égaux, non-seulement par la valeur particulière qu'on a en vue, mais encore par toutes celles que comporte la nature des fonctions analytiques que l'on considère : car autrement, ces formules appartiendraient plutôt à l'Arithmétique universelle qu'à l'Algèbre proprement dite, qui est bien moins la science des grandeurs que celle de l'ordre et des transformations générales du calcul.

FIN.

www.ingramcontent.com/pod-product-compliance
Ingram Content Group UK Ltd.
Pitfield, Milton Keynes, MK11 3LW, UK
UKHW012242240726
13966UKWH00003B/1248